深海魚のレシピ

釣って、拾って、食ってみた

オキナワオオタチ。沖縄の深海に潜む巨大タチウオ。→ p.141

ソデイカ焼き。→ p.87

マグロそっくりの味、アカマンボウ。→ p.65

市場には出回らないバラムツ。夜間に浅場へ浮いたところを狙って釣る。→ p.38

東京湾で釣れる緑眼の深海鮫。これはサガミザメと思われる。→ p.14

深海魚を釣る

ホラアナゴ（写真左）とヘラツノザメ（写真右）。東京湾で最もよく釣れる深海魚たち。→ p.24、p.9

富山湾で釣り上げられたソデイカ。あのダイオウイカの餌となったのがこれ。→ p.93

アブラソコムツ。バラムツに似た身質で、駿河湾ではサットウとも。→ p.55

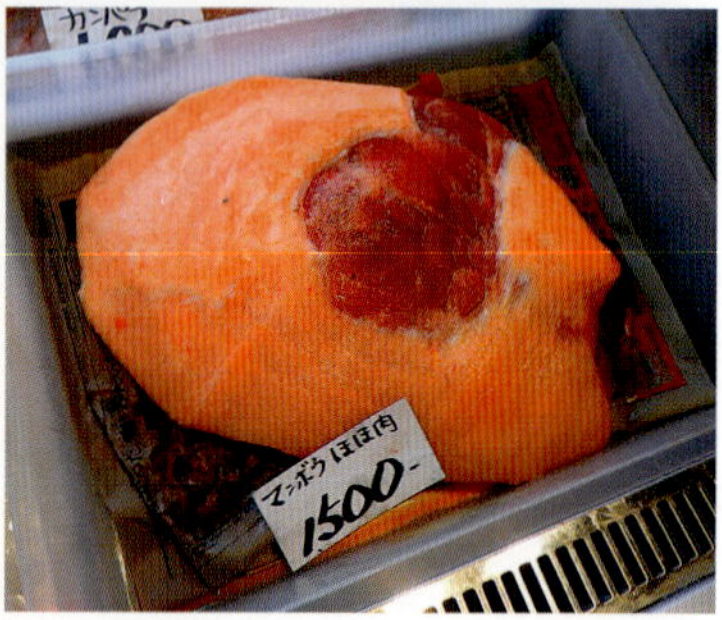

那覇市の鮮魚店で購入したアカマンボウ（上）。39kgあり、3人がかりで運び込んだ。沖縄では、アカマンボウは切り身となって普通に売られている（下２点）。→ p.69

サケガシラ。釣りに挑むも釣れず、刺し網にかかったものを「もらった」。富山湾にて。→ p.104

三保の松原周辺の海岸に打ち上がったミズウオ。深海魚拾いは、冬の夜の密かなお楽しみ。→ p.124

深海魚を
拾う、買う、貰う

ホラアナゴの口。自身の頭より大きな餌も飲み込むことができる。→ p.26

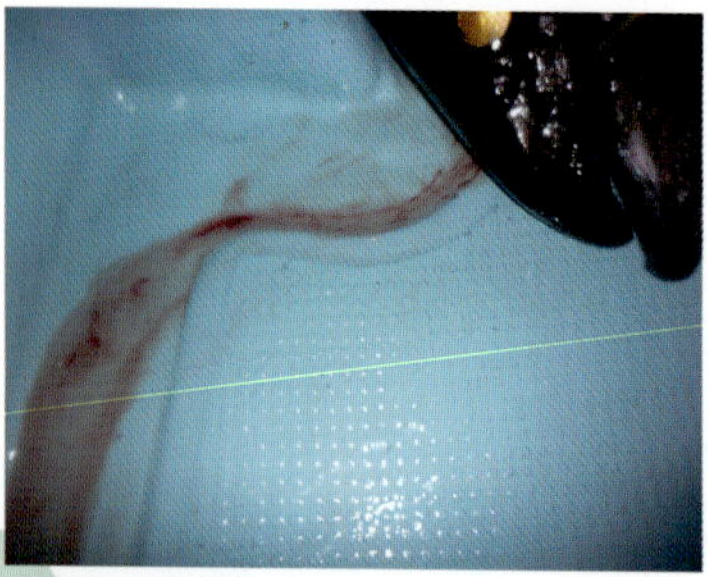

バラムツは英名「オイルフィッシュ」。解体後は流れ出た脂で甲板が滑る。→ p.49

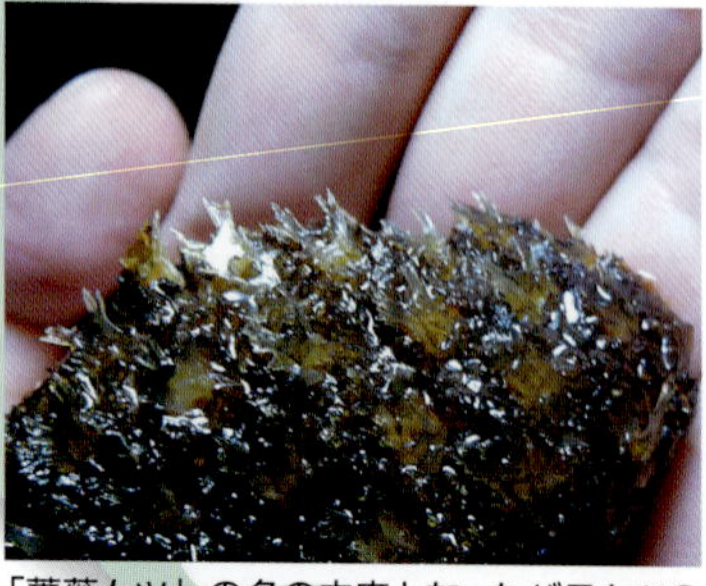

「薔薇ムツ」の名の由来となったバラムツのトゲトゲの鱗。→ p.52

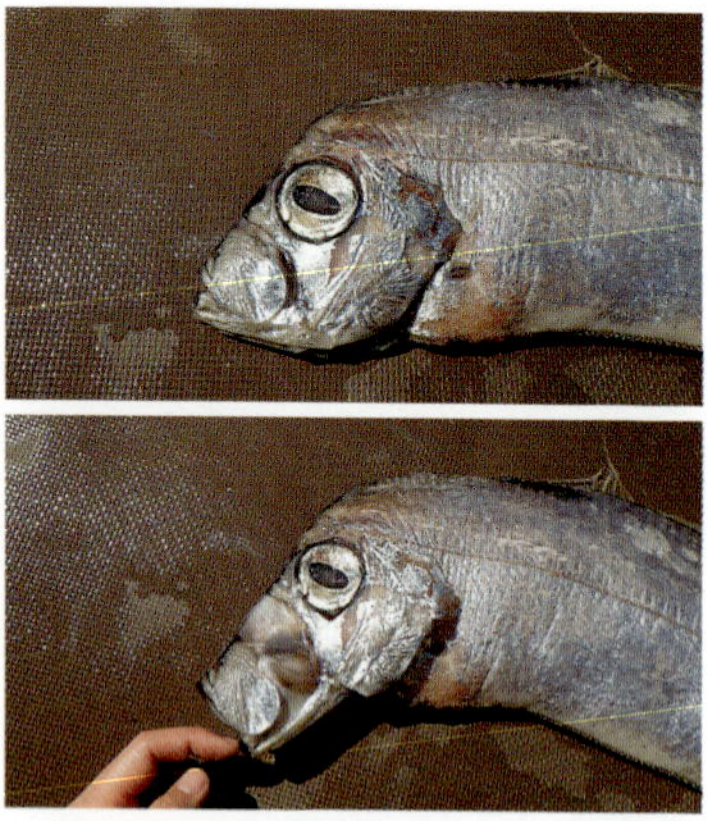

サケガシラの口。餌を食べるとき、このように、にょーん、と伸びる（下）。→ p.109

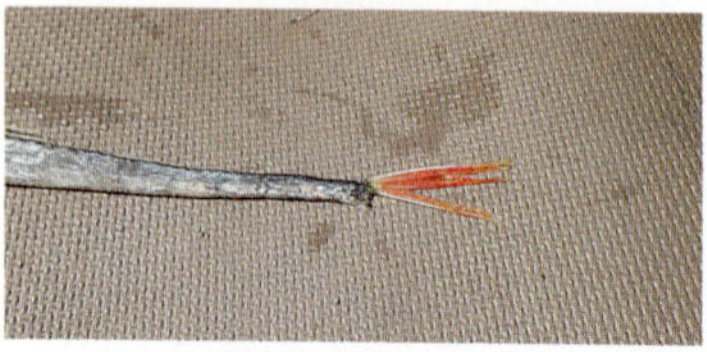

サケガシラの尾鰭。遊泳にはほとんど役に立たないであろう。→ p.108

バショウカジキを彷彿させる立派なミズウオの背鰭（左）と、魚からゴミまで何でも飲み込む大きな口（上）。→ p.124

驚異のスペック深海魚の体

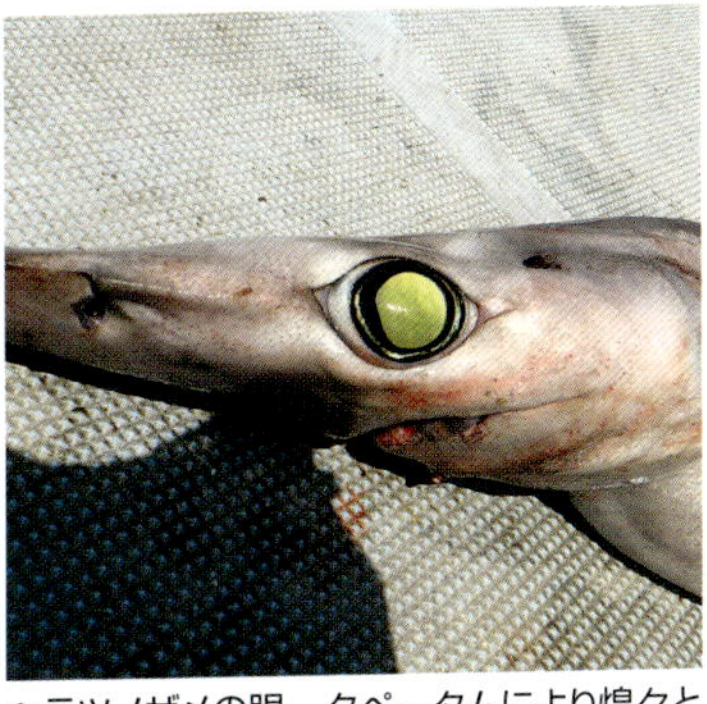

ヘラツノザメの眼。タペータムにより煌々と輝く。→ p.9

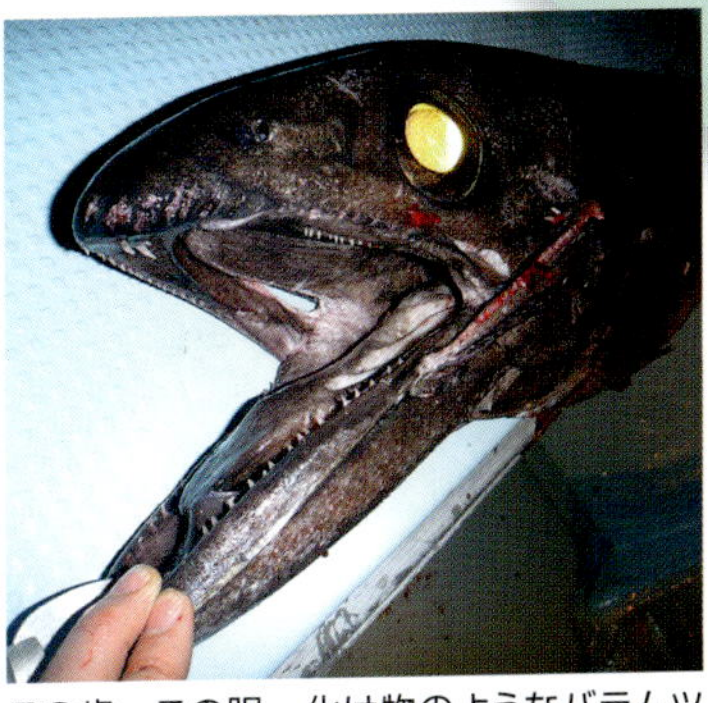

この歯、この眼。化け物のようなバラムツの顔。→ p.48

まず、T字を描くように、中骨に沿って胴から尾へ切れ目を入れる。

スプーンで中落ちを削り取る。

しっかり縁をとって、丁寧に身をはがす。

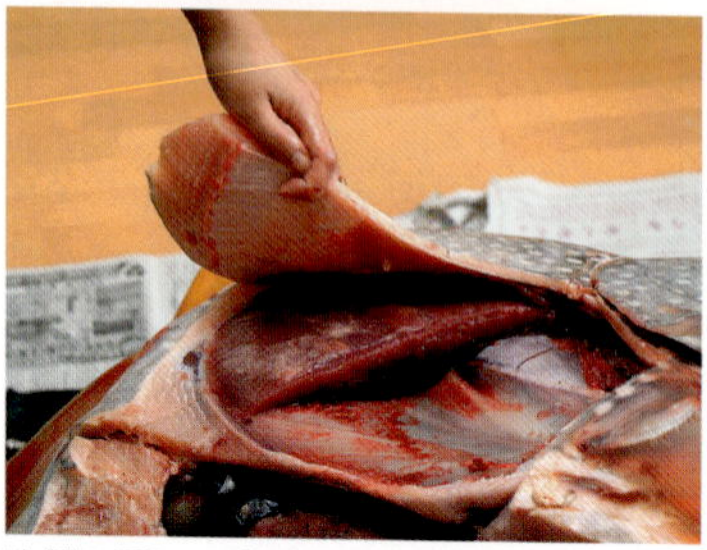

胸鰭の下にマグロそっくりの赤身が！

背肉だけでこれだけの量が取れた。

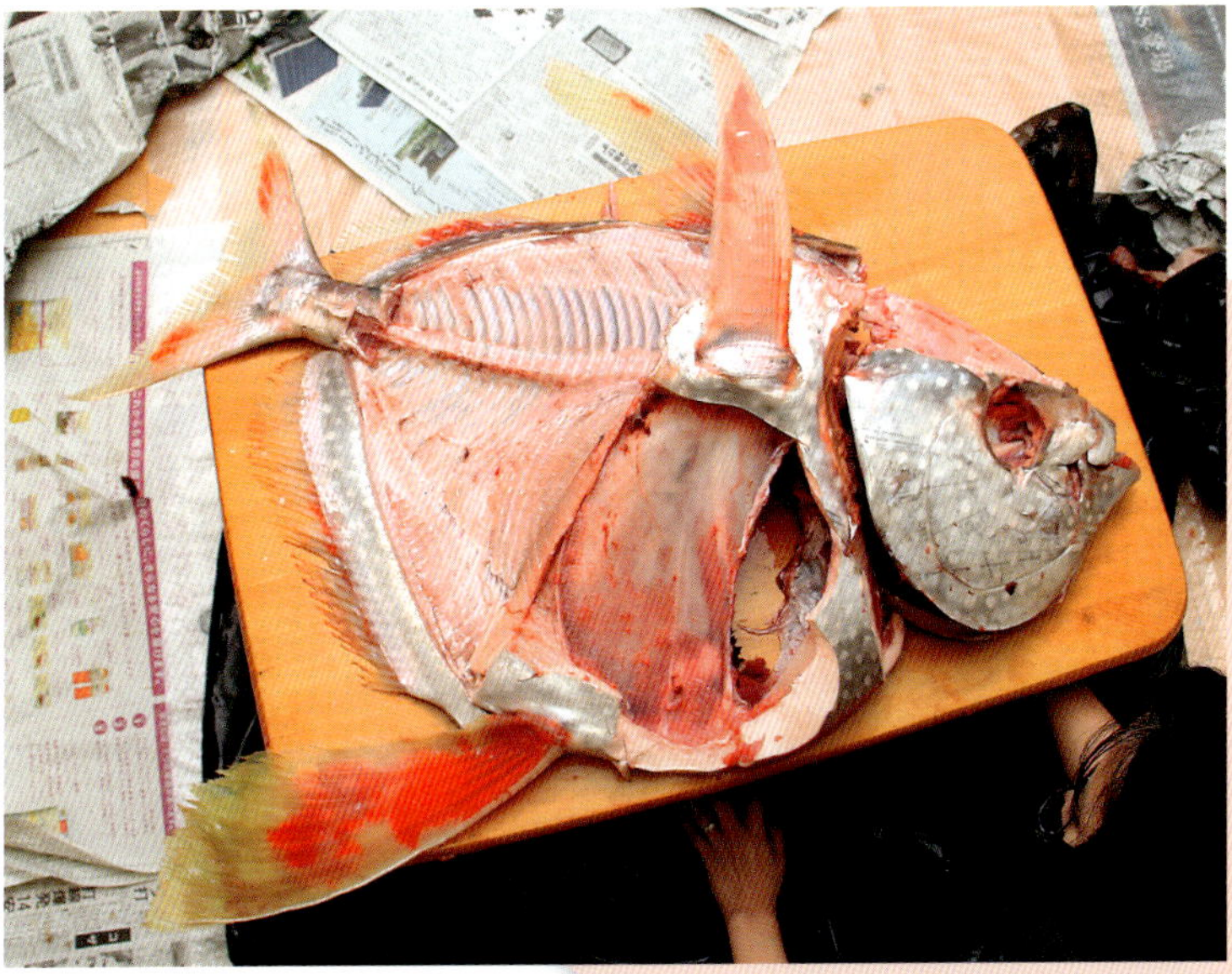

アカマンボウの 解体

数時間かかって解体終了。胸の赤身の下には大きな板状の骨があった。肋骨か？

魚屋で買ったマグロの刺身とアカマンボウ赤身の刺身。両者は見分けがつかない。→答えはp.80

赤身、白身、目玉。どの部位も抜群に美味しい煮付け。★★★

一粒で何度でも美味しい アカマンボウ 料理

赤身のカツ。白身のフライ。パン粉を付けて揚げるのもよし。★★★

赤身のステーキは、やはりマグロに似て美味。★★☆

定番のから揚げも大成功。★★★

★★★ とてもおいしい
★★☆ おいしい
★☆☆ まあそれなりに
☆☆☆ 他の料理方法を試すべし

変化球で南蛮漬け。次々に広がるアカマンボウ料理のレパートリー。
★★★

脂の乗りが少ない背の身には、ムニエルがよい。★★☆

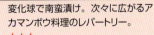

危険だが超旨い
禁断の深海魚

バラムツ刺身。大量の脂で身は白濁している。★★★

煮つけ。大量の脂が浮くが、ハマチやブリに似た旨さ。★★★

バラムツアボカド丼。相性抜群だが胃もたれ必至。★★★

アブラソコムツのフライ（左）と、バラムツのから揚げ（右）。★☆☆

塩焼き。やはりグリルには大量の脂が。★★★

アブラソコムツのソテー。のはずが、1 滴の油も使わずに、素揚げ状態に。★☆☆

⚠ バラムツ・アブラソコムツは食品衛生法違反魚種として流通禁止、一般には食用禁止である。著者は自己責任のもと、調理・試食を行った。

ドラゴン定食。オキナワオオタチの開き（左）と「ドラゴンボール」こと巨大つみれ団子（手前）。お椀はシレナシジミ汁。★★☆

深海魚料理アラカルト

ヘラツノザメのフライ。油で揚げれば臭いはなくgood。★★★

ソデイカのゲソ天（右）。見栄えは良いが食べにくい。左はスルメイカのゲソ天。★☆☆

１個でお腹いっぱいになるソデイカのイカリングフライ（外側）。内側はよくあるスルメイカのイカリングフライ。★★★

サケガシラの刺身。食感は軟らかく、かなり水気が多い。★☆☆

ミズウオの刺身。浸み出した水でビショビショ。味は……。
★★★

ホラアナゴの蒲焼き。マアナゴに劣らず、ふっくら軟らか。
★★★

ホラアナゴは天ぷらもgood。獅子唐と大葉を添えた「深海穴子天丼」は店で出せそう。
★★★

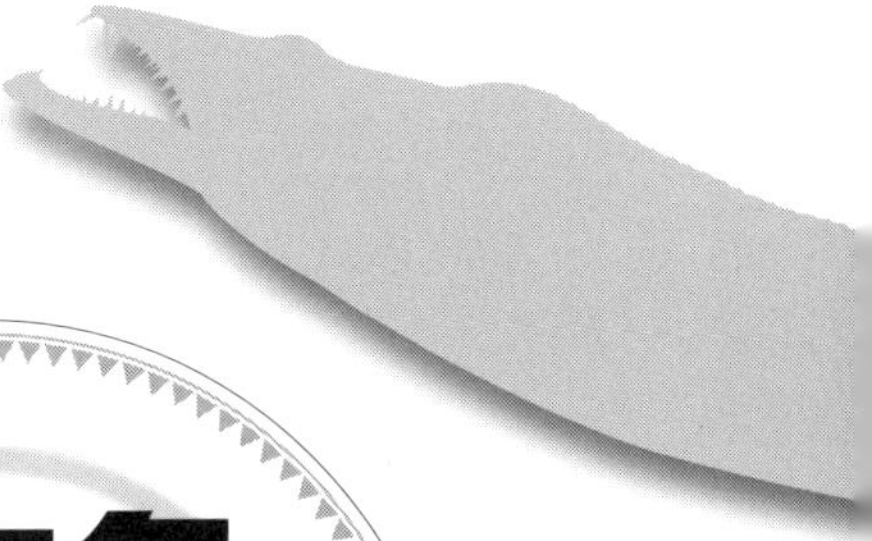

深海魚のレシピ

釣って、拾って、食ってみた

平坂 寛

地人書館

目次

カラー口絵 …… i

異形の深海鮫　ヘラツノザメを東京湾で釣る …… 1

〈コラム〉深海魚の眼はなぜ綺麗？ …… 20

サメに食われ、ウオノエに食われ
人にも食われ……ホラアナゴ …… 23

〈コラム〉深海魚の口はなぜ大きい？ …… 36

いろんな意味で禁断の美味
バラムツ・アブラソコムツ …… 37

〈コラム〉深海魚の肉はなぜ脂っこい・水っぽい？ …… 64

マグロ味のマンボウ？　アカマンボウ …… 65

〈コラム〉実はよく食べられている深海魚 …… 86

ソデイカでつくる巨大イカ料理 …… 87
〈コラム〉一般人が深海魚を釣るには? …… 102
地震の前兆……なんかじゃない!　サケガシラ …… 103
〈コラム〉「深海魚」の定義 …… 118
超新食感!　浜辺で拾える深海魚ミズウオ …… 121
〈コラム〉ミズウオの胃内容物は深海汚染の指標となるか? …… 136
深海の巨大タチウオ!　オキナワオオタチ …… 139
〈コラム〉深海魚の資源量 …… 161
あとがき …… 163
索引 …… 168

本書は人気ウェブサイト「デイリーポータルZ」（http://portal.nifty.com/）の連載記事に加筆修正を行い、新規書き下ろしで2話およびコラム8話を加えて、再編集したものです。

＜初出一覧＞

1. 異形の深海鮫ヘラツノザメを東京湾で釣る

初出：ベイエリアから深海まで！　東京湾のサメを狩れ!!（2012年8月28日）
ベイエリアから深海まで！　東京湾のサメを食え!!（2012年9月11日）

2. サメに食われ、ウオノエに食われ、人にも食われ……ホラアナゴ

書き下ろし

3. いろんな意味で禁断の美味、バラムツ・アブラソコムツ

初出：巨大深海魚を釣って食べたら尻から油が!!（2012年2月25日）

4. マグロ味のマンボウ？　アカマンボウ

初出：深海魚「アカマンボウ」は本当にマグロの代わりになるのか（2014年6月3日）

5. ソデイカでつくる巨大イカ料理

初出：ソデイカで作る巨大イカ料理（2013年2月19日）

6. 地震の前兆……なんかじゃない！　サケガシラ

初出：深海魚「サケガシラ」を食べた（2014年4月29日）

7. 超新食感！　浜辺で拾える深海魚ミズウオ

初出：超新食感！　浜辺で拾える深海魚「ミズウオ」を食べる（2013年2月5日）

8. 深海の巨大タチウオ！　オキナワオオタチ

書き下ろし

コラム8話はすべて書き下ろし

異形の深海鮫
ヘラツノザメを
東京湾で釣る

東京湾。世界でも有数の海上交通路として日夜多くの大型船が行き交い、さらに海上には羽田空港とアクアラインを構える。我が国における陸海空の物流・交通を支える要の海である。埋立地にはお台場や東京ディズニーリゾートが栄え、京浜工業地帯の夜景とレインボーブリッジを眺めるクルージングも人気を博している。老若男女の遊び場にも事欠かない、まさに大都会の海と言えよう。……と、まあここまでは一般常識の範疇だろうが、実はこの湾にはもう一つの顔がある。知る人ぞ知る深海魚の宝庫なのだ。

この東京湾の湾口から相模湾にかけて、東京海底谷と称される海底峡谷が広がっている。この水深五〇〇メートルを超える切り立った谷の底には、首都圏の河川を通じて大量の有機物が日々流れ込む。そのため、深海底にすら豊かな

深海鮫に限らず、国内ではサメ類が遊漁の対象となることはほぼない。しかし、今回お世話になる釣り船はドチザメ釣りで人気を博している。船長さんが変わり者なのだ。

漁場が形成されているのだ。これは世界的に見ても稀な環境であり、ここに産する多種多様な深海魚、中でも深海性のサメ類は世界中から学術的な注目を集め続けている。貴重なサンプルを求めて、この海域を訪れる研究者も多いそうだ。生きた深海鮫に触れられるとは羨ましい話である。では、僕も真似をしてみよう。いざ行かん、東京湾深海探索へ。

チャーターボートで日帰りの深海探検

事の発端は東京湾で行われるドチザメ釣りの取材だった。ドチザメは日本近海に棲む全長一・五メートル程度のおとなしいサメである。このサメが東京湾で簡単に釣れるらしく、都心から程ない海域で楽しめるレジャーフィッシングとしてにわかに注目を集め始めているのだという。実際、餌の付いた釣り針を水中に放り込むと、身の丈近いサメが面白いように釣れてしまう。東京湾の豊かさを思い知らされる経験となった。

滞りなく撮影を終えて帰港する道すがら、釣り船の船長が「浅場ではほぼドチザメしか釣れないけど、もっと水深のある沖合へ出れば深海鮫も釣れますよ」と話してくれた。東京都心から、なんと日帰りで深海鮫が釣れる⁉ そんなもん、やらないという手はないだろう。深海鮫の生け捕りは、研究者や漁師だけの特権ではなかったのだ。

船長によると、東京海底谷で特によく釣れる深海鮫はヘラツノザメやサガミザメなどツノザメ科ヘラツノザメ属に分類されるものだという。ヘラツノザメといえば長く伸びた吻《ふん》に大きく輝く緑色の眼

こんな立派なサワラも餌にしてしまう。もったいない気がしないでもないけどね。

を持つ、とても深海魚らしいビジュアルのサメである。僕もまだ図鑑やネット上の画像でしか見たことのない魚だ。うわー、アレが釣れるのか！　これは興奮せざるを得ない。

というわけで、数日後の午前四時。僕は友人と連れ立ってまた同じ船に乗り込み、海原へと走り出していた。

今回はターゲットが深海鮫とあって狩場は水深四〇〇メートル以上の海域となる。出船地の横浜からそれほどの深場へ辿り着くには片道二時間ほど船を走らせる必要がある。道中、カタクチイワシの群れを見つけては船を寄せ、彼らを食べに来ているサバやサワラを釣っていく。こうして釣られた活きの良い青魚たちが、深海鮫用の特効餌となるからだ。深海鮫は意外と美食家らしく、新鮮な餌には顕著に反応するのだそうだ。食物の捜索に関して、嗅覚に頼る部分が大きいのだろうか。

海図を見ながら釣り場を慎重に、かつ当てずっぽうで選定していく。

餌の確保を楽しみながら船を走らせていると、ついに釣り場へ辿り着いた。マップ上では三浦半島の東沖となっている。船の下には深い深い海底谷が口を開けているらしいが、海上の風景は先ほどまでと何ら変わりない。

釣りをたしなむ人ならご存じであろうが、こうした遊漁船での魚釣りはポイント選びも船長任せである。船長は、経験から、いつ、どこに魚がいるかを把握しているからだ。

しかし、今回に限ってはそうでない。実はこの深海鮫釣り、船長自身にとっても数度目の挑戦でしかなく、この時点では把握しているポイントがごく限られていたのだ。よって、船長と僕たち釣り客が「もっと深い場所を攻めてみよう」だの、「魚はこういう地形を好むんじゃないか」だのと、意見を交わしながら新たな漁場を開拓していくこととなる。ちょっと待て、乗船料払ってるのにそんなリスキーな釣りでいいのか⁉　という声が聞こえてきそうだが、それでいいのだ。それがいいのだ。ポイント探しも魚釣りの醍醐味であるから、こうして釣り場選びに自分の意見が多少でも反映されると、魚を追う楽しみと釣れた時の喜びは格段に大きくなるものである。僕にとっては、むしろ願ってもないことなのだ。

素人なりに海図のディスプレイを見ながら頭を捻っていると、いよいよ「深海探検」らしさが出てきて心が躍ってしまう。少年時代、友人らと初めて立ち入る林でクワガタムシを探したあの時のワクワクした気持ちそのままだ。

作戦会議の末、切り立った断崖の斜面上に船をつけることにした。水深は五〇〇メートル前後である。底に沈んだ餌を漁るためだろうか、多くの深海鮫は何もない中層よりも海底付近を好むという。そのため、斜面に仕掛けをこすりつけるように船を流していくことにしたのだ。ここぞというポイントでいよいよ仕掛けを降ろす。

仕掛けはかなりいい加減だった。この釣りに初めて挑んだ二〇一二年当時は、検索サイトで「深海鮫　釣り方」なんて打ち込んでもほとんど情報が出なかったのだ（今でも、せいぜい僕が書いた記事がヒットしてしまう程度）。まあ、過去にもほとんど挑んだ者のない黎明期の釣りだから仕方がない。

とりあえず餌と針が深海まで届けば何だっていいだろう！　ということで、馬鹿デカいルアーに先ほど釣った魚の切り身やスルメイカを搭載して沈めてやる。「サメ＝豪快」という単純な発想である。

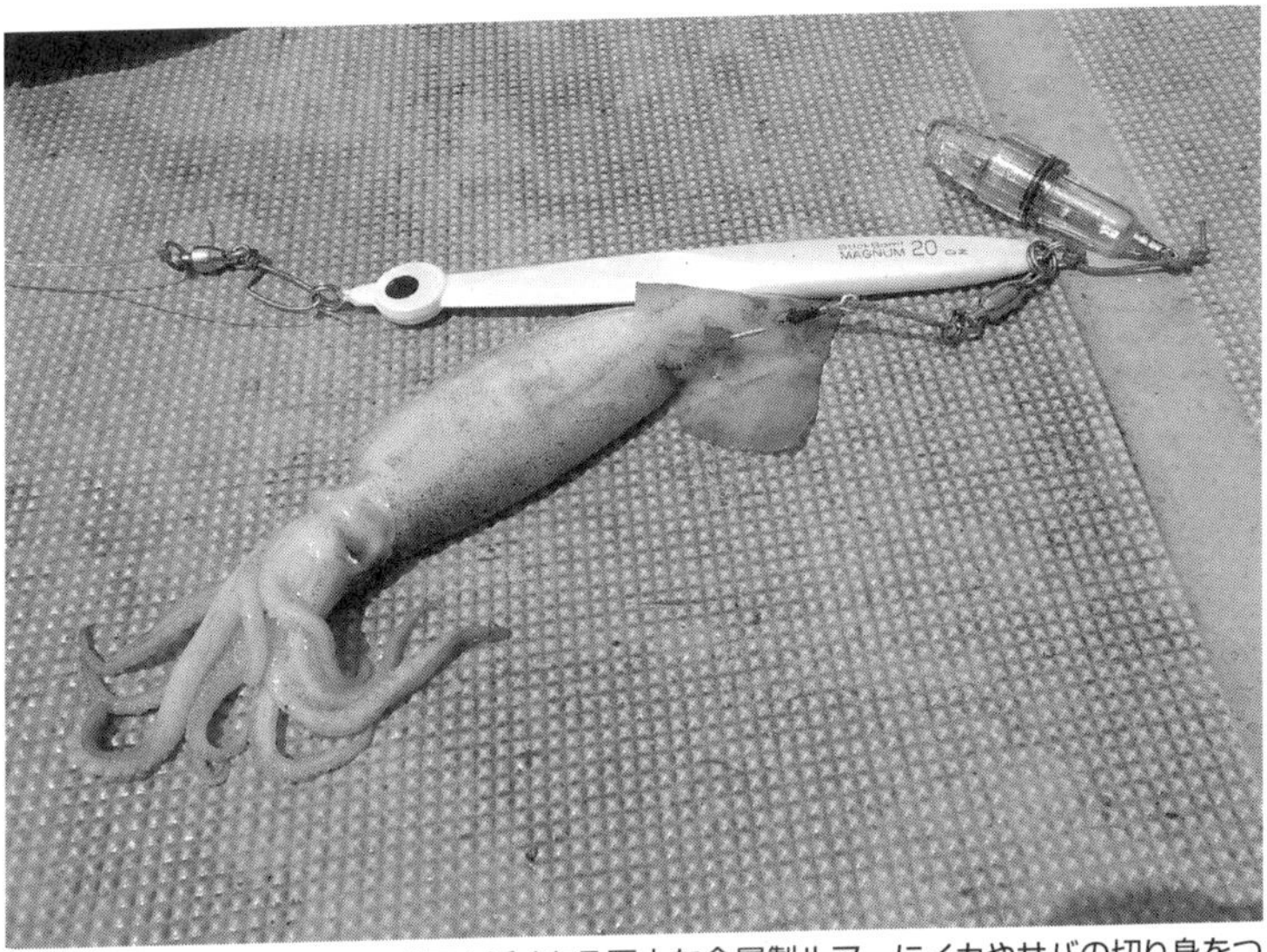

仕掛けはこんな感じ。600 グラム近くある巨大な金属製ルアーにイカやサバの切り身をつける。改めて見ると、あまりに雑。

緑眼の怪物登場

船べりから仕掛けを投入し、深海底へ沈むまで実に五分以上を要した。引き上げの際はその数倍の時間がかかってしまうだろう。非常にじれったい……。深海の遠さを身に染みて実感するひとときだ。

だが、魚の反応は意外なほど早く出た。仕掛けが海底に着くと、五分も経たぬうちに何者かが餌を引っ張る感触が竿に伝わる。当初は「深海鮫なんて個体数もそんなに多くないだろうし、ひたすら待つ釣りになるだろうな」と予想していたものだから、これは嬉しい誤算ということになろう。だが、なかなか針には掛からない。仕掛けを回収すると餌だけが食いちぎられている。投入に続いて、ここでもやきもきさせられる。

そんなやりとりを四回ほど繰り返した頃である。ふと隣に目をやると友人の竿が曲がっている。いよいよこの時が来た！　さあ、早く魚の顔を見せてくれ！

しかしこの釣り、掛かった魚を深海から引っ張り上げるのがかなりの重労働である。せいぜい三〇メートルほどの水深で釣るドチザメですら、釣り上げるまでに結構な体力を使った。それが水深五〇〇メートルである。考えてもみてほしい。東京タワー以上スカイツリー未満の深さから一メートル以上はあるだろう大型魚を、直径数センチ程度しかないリールの軸に釣り糸を巻き込み続けることで引き上げるのだ。こうして文章にするだけで気が遠くなる。

リールを巻き続け、二〇分以上は経っただろうか。ついに、海面へ幽霊のような影が浮かび上がった。「サメだ！　サメ！」誰ともなく口をついて出るサメコール。

急いで駆け寄ると、タモ網の中に怪物じみた奇怪なサメが横たわっている！

吻が「へら」のように平たく長く伸びた独特な顔立ち。この面構え、間違いなくヘラツノザメ属のサメである。また、メジロザメなど表層を泳ぎ回るサメの流線型ボディに比べ、その細長い体はどことなく力強さに欠ける印象を受ける。各鰭も小ぶりでおとなしめだが、第一、第二背鰭には猛禽の爪を思わせる鋭く長い棘が一本ずつ備わっている。この棘が「ツノザメ」という名の由来だ。

そして何より、その眼の美しさに見惚れた。黒い虹彩に浮かぶ瞳が光を受け、金色がかった緑色に輝いている。満月みたいだ、と思った。こんな眼をした魚に出会うのは初めてだ。この異様な眼の色と輝きは網膜に備わっている「タペータム（輝板）」という反射板によるものである。太陽光のほと

深海鮫が水面に姿を現した！　こんなに眩しい環境に連れてこられたのは初めてだろう。

一般的にイメージされるサメのフォルムとは一線を画した体躯。

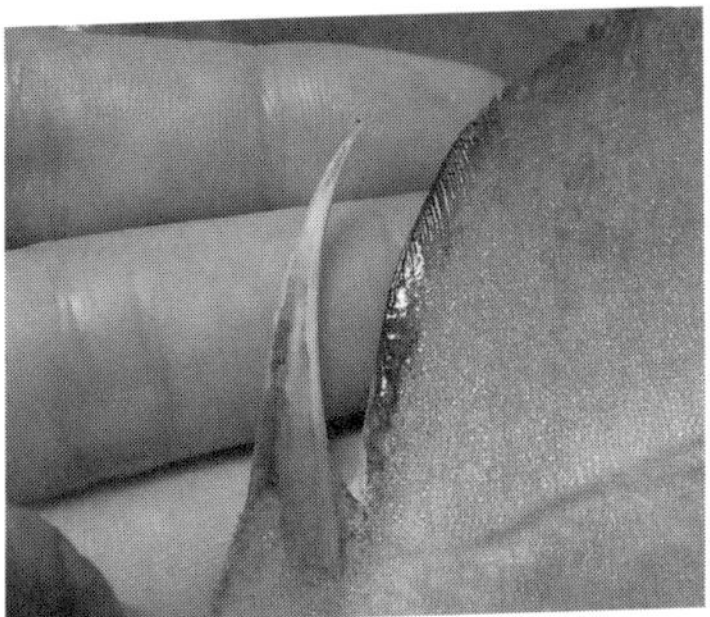

ツノザメの名のもととなった背鰭の鋭い棘。

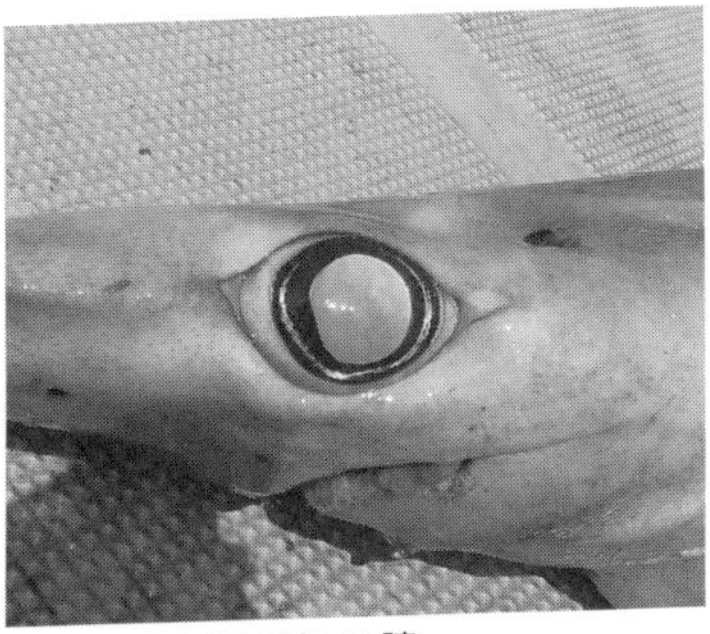

満月のように輝く美しい瞳。

んど届かない深海で周囲を視るためにこのタペータムでほんのわずかな光を反射、増幅しているのだ。タペータムの発達した眼は他の深海魚、あるいは暗闇での活動が主である夜行性魚類にも見られる。しかし、これほど鮮やかな色合いを呈すものは深海鮫以外ではそうそう見ることができない。

東京海底谷で獲れるヘラツノザメ属のサメにはヘラツノザメとサガミザメの二種が含まれており、吻の形状などで識別する。下船後、サメの研究者に同定を依頼したところ、このサメはヘラツノザメであることが確認できた。

ところで、特徴的なのは見た目だけではない。サメやエイといった軟骨魚類は筋肉中に尿酸を含んでおり、死後時間が経つとこれがアンモニアに変性して悪臭を放つようになる。ところが、このサメはどういうわけかまだ元気に生きているにもかかわらず、すでに臭いをまき散らし始めている。

「あー、サメ臭いっすね！」

「なんかネズミの小便みたいな……」

船長と友人もはっきりとその臭気を感じ取ったようで、あまり良い顔はしていない。僕としても、生きながらにしてここまで強くアンモニア臭を纏うサメがいるという事実には衝撃を受けた。

それにしても、特に大掛かりな装備もないまま、わりと行き当たりばったりな感じで、しかも都心からわずか数時間の出船で深海鮫を手にできるとは。東京海底谷とはとんでもないところだ。

ちょうど時合が来たのか、はたまた策がはまったか。直後に友人がまたもダメ押しの一匹を釣り上げた。まだまだ釣れそうな雰囲気を感じるが、急に風が強くなってきたため、ここで撤収となった。

台所が異世界になる。

僕自身はまだ深海鮫を手にしていなかったので少々名残惜しくはあったが、素晴らしい充足感とともに陸へ上がることができた。

やっぱり臭い！　でも揚げると……

帰り際、友人が釣り上げてくれた二匹のヘラツノザメのうち、一匹を分けてもらった。もちろん味を見るためであるが、あの臭いを嗅いだ後だと少々、いや、かなりの不安を覚える。二時間ほどかけて自宅へ戻ると、ただちにクーラーボックスを開ける。途端、冷気とともにむあっと広がる臭気。明らかにアンモニア臭がきつくなっている。体色も生時と比較してかなり黒ずんでしまった。一刻も早く処理を行うべきなのだが、この日は早朝から波に揺られていたので疲労困憊であった。ヘラツノザメを無造作に冷凍庫へ押し込むなり、泥のように眠ってしまった。

翌日、気力体力ともに回復したところで冷凍庫からサメを取り出す。下ごしらえのために流水で解凍していくと、古い明太子のような臭いが強く鼻を突いた。く、臭い！

船上でも、輸送時においても、ずっと低温は保っていたので腐敗していることはないはずだ。そもそも、軟骨魚類の尿酸に由来するアンモニアは魚肉の腐敗を妨げる成分である。だからこそ、サメは備北地域などの内陸部において、生食できる唯一の海鮮として古くから親しまれてきたわけだ。となると、これは単純に魚体へアンモニアが回りきった状態なのだろう。せめて、船上で血と内臓だけは抜いておくべきだった。これについては完全に僕のミスだ。

だが、臭いものほど意外と美味しかったりするし、とにもかくにも試食してみなければ。

まずは内臓と頭を外す。サメは顎骨と歯以外の骨が軟骨で形成されているため、背骨であろうと簡単に包丁が入る。割かれた腹の中の大半は巨大な肝臓に占められていた。一般的な魚類は空気を溜め込んだ鰾《うきぶくろ》によって浮力を得ている。しかし進化の過程で鰾を獲得しなかった軟骨魚類であるサメは、そのかわりに海水より比重の小さな油脂の詰まった肝臓で浮力を得ているのだ。特に、深海鮫は肝臓が大型化する傾向が強いようで、スクアレンを含有する肝油の原料となることで知られている。肝臓の味も気になったが、あまりに臭いが気になったのでさすがに断念せざるをえなかった。

とりあえず三枚におろしてみると、外見からは想像もつかないほど綺麗な白身である。それもフグやヒラメのような透明感の強い白身ではなく、カルピスなどの乳酸飲料のように濃い白色だ。刺身にすればさぞ見栄えがよかろう。でもあの臭いだ。生で食べても大丈夫だろうか。試しに一切れだけ削

身はこれでもかと言うほど綺麗な白身。

食べるのをためらう臭さ!

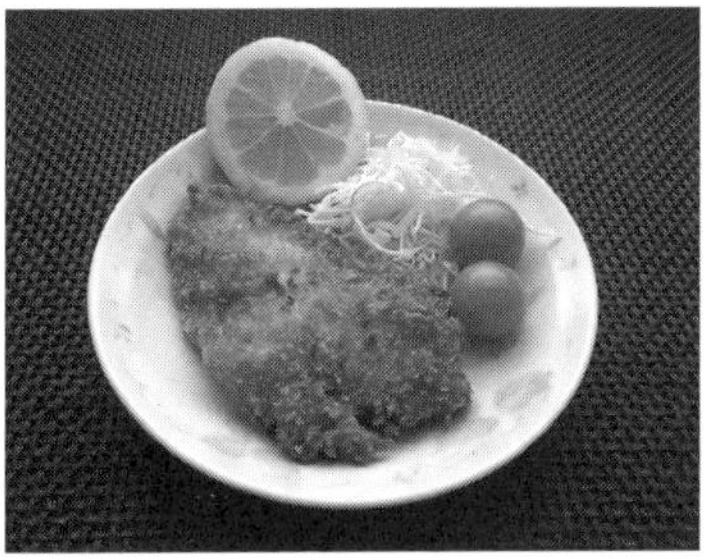
ヘラツノザメのフライ。

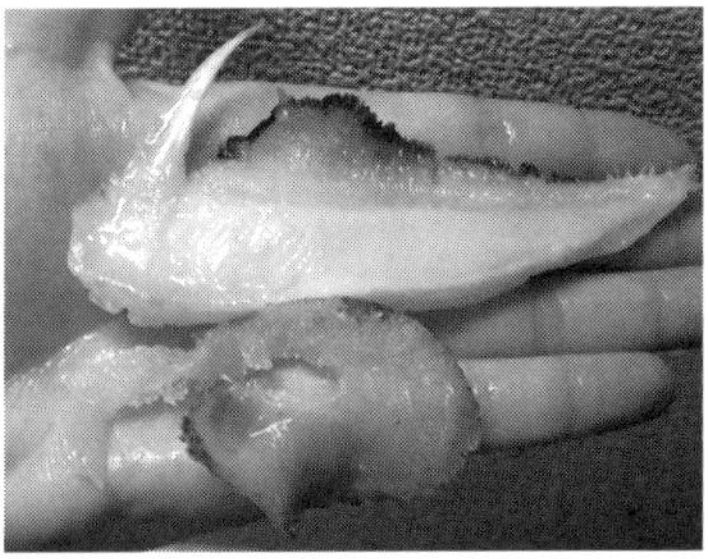
鱗を剥がすと鰭の縁が黒かった。

ぎ取り、醤油をつけて口へ運んでみる。

……強烈なアンモニア臭とともに不快な酸味まで感じる。それだけではない。今まで経験したことのないエグい味わいが口の中いっぱいに広がり、なぜか唾液が大量に分泌される。これでは刺身はおろか、焼き物や煮つけにすることも難しいだろう。こうなれば取るべき選択肢は一つ！　油で揚げるしかあるまい。ドチザメを調理した際、やはり刺身や塩焼きでは臭いや酸味が気になったのだが、から揚げにすると一変して美味しく食べられた。同じようにヘラツノザメも、まあ抜群に美味いとはいかずとも、それなりに食べられる味に仕上がるのではなかろうか。

　切り身に小麦粉、卵にパン粉をまぶしてキツネ色になるまで揚げる。見た目はまあ美味そうに仕上がった。箸を立てると、さっくり

僕も毎回釣れるようになった。この個体はサガミザメかも。

と割れる。特に固いとか脂っこいとかいうことはなさそう。断面も見た限りではごく普通の白身魚のフライである。そして肝心の臭いは……ほとんど気にならない。衣の香ばしさにかき消されているのだろうか。タルタルソースをつけ、意を決してかぶりつく。

……えっ、美味しい！　なぜか臭みもなくなっているし、味自体もタラなど一般的な白身魚のフライに勝るとも劣らない。もちろん、揚げたてのアツアツだというのも大きいだろう。けれど、それにしたって、なんであの臭くてエグい魚がただ油で揚げただけでこんなに美味しくなるのだろう。不思議だ。

ちゃんと条件を整えれば臭くない！

深海釣りに味を占めた僕は、その後もたびたび東京海底谷へ繰り出しては様々な深海魚を釣り上げ、食べるようになった。その後開拓した海域にはヘラツノザメやサガミザメの個体数が多いようで、僕でも毎回のように捕らえることができた。ところが、何度か遭遇を繰り返すうちに、あることに気がついた。フライにして食べたあのヘラツノザメは、まだ息のあるうちからアンモニア臭を放っていたが、その後に釣れた個体はいずれも、あのように臭くはなかったのだ。一体、あの時と何が違うのか。

よくよく考えてみると、一つ思い当たる節があった。あの時は季節が真夏で、表層の海水温が非常に高かったのだ。深海は年間を通じて水温が安定している。そんな環境に暮らす魚を高温の水塊へ引きずり出して何十分も曝していたのだから、もしかすると生きながらに身が傷む、いわゆる「生き腐れ」のような状態になっていたのかもしれない。確かに、あの時釣れた二匹は船上に引き上げても全く暴れず横たわっていたのに、春や秋に釣れた個体は元気にのたうち回って扱いが大変だった。それ

幼魚が釣れることもしばしば。個体数はかなり多い印象を受ける。

ヘラツノザメの刺身。鮮度と処理に気をつければ生食でも良し。

を加味すると、やはり高水温がヘラツノザメに致命的なダメージを与えていた可能性はかなり高いと考えられる。

さて、ここで気になってくるのがこの臭くない元気なヘラツノザメの味だ。水揚げの段階でもう明らかにモノが違うのだから内臓や血を適切に処理すれば、きっと刺身でも食べられるはずだ。そこで初めてこのサメの味を公正に判断できるだろう。

……やはり、正しくさばいたヘラツノザメの身にアンモニア臭さはなかった。わさび醤油をつけた刺身は繊維質ながらも柔らかく、酸味は感じない。噛みしめると、干したスルメのような旨味が舌の上に広がる。同じ魚とは思えない。ここまで顕著に差が出るとは！　水揚げ時の状態やその後の処理によって、魚の味は大きく違ってくるのだということを改めて実感できた瞬間だった。

顎の骨格標本を作ろう。

ところで、深海鮫なんてなかなか手に入るものではない。食べて血肉にするのもよいが、せっかくだし手元に残せるようなものが欲しい。そこで、顎の骨格標本を作ることにした。

硬骨魚類の頭骨であれば、鍋で煮込んで身を取り除くことができるのだが、こうした軟骨魚類の顎でそれをやると骨が歪んだり、バラバラになるなどして取り返しがつかなくなるらしい。そのため、生の状態から地道に肉を削り取っていくそうだ。そう聞いて気が遠くなりかけたが、いざ実践してみると意外と身離れがよく、想像していたよりもずっと簡単に、そして綺麗に完成させることができた。

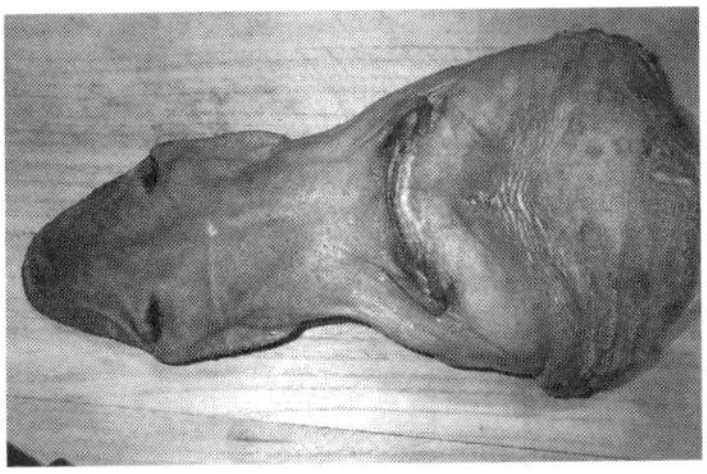

ヘラツノザメの頭部から……

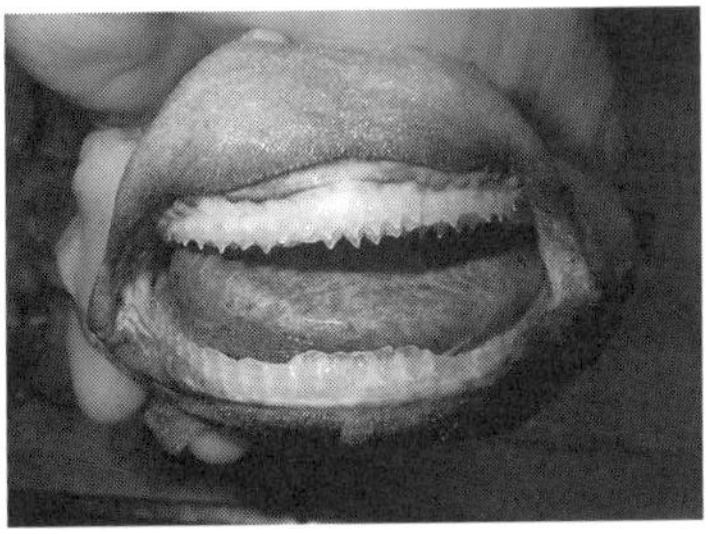

顎を切り取り……

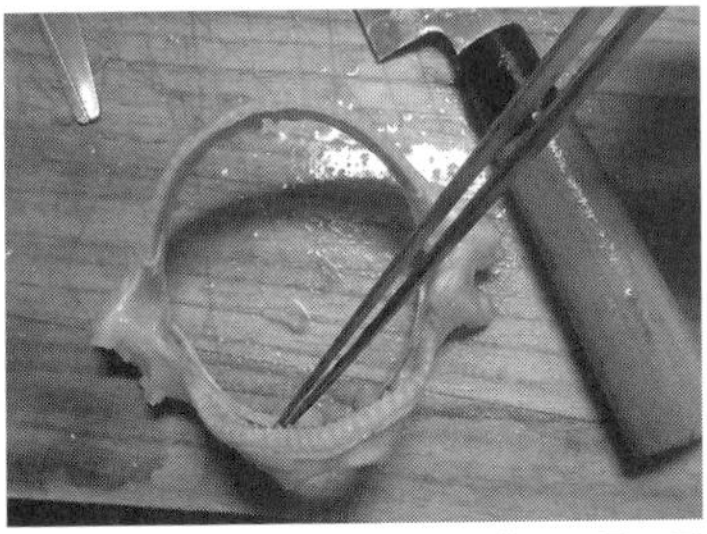

包丁、ハサミ、ピンセットを駆使して骨の周りの肉を取り去る。

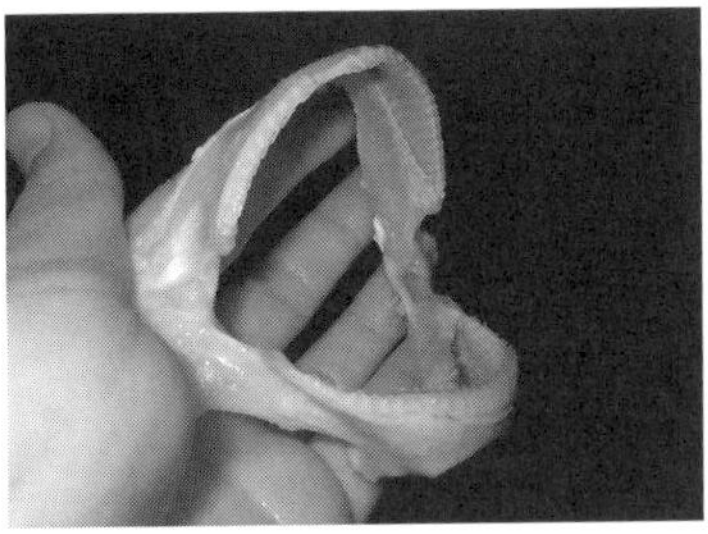

乾かして完成!

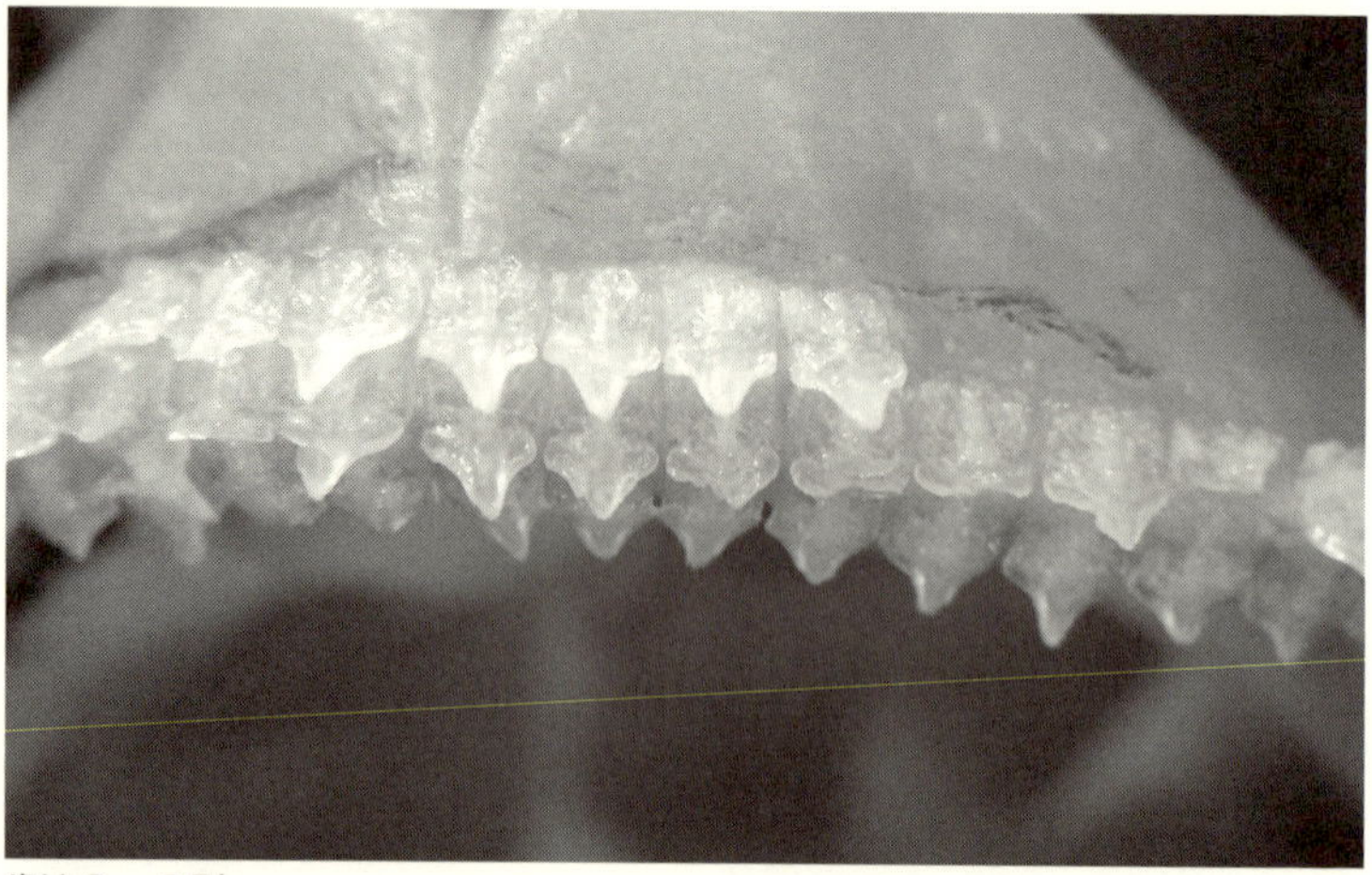
歯は２～３列。

改めて顎を観察すると、やはり歯が細かく貧弱だ。パニック映画の金字塔「ジョーズ」で幼少時に身につけたサメ観からは程遠い。ヘラツノザメだけでなく、深海性のサメには体の大きさに対してかなり小さな歯を持つ種が多い。このことから推し量るに、彼らは大きな獲物にかぶりつくより、深海の小さな餌を手当たり次第に丸飲みすることに特化したのではないだろうか。この細かい歯は餌を切り裂くカッターではなく、主に滑り止めとしての役割を果たしているのだろう。とはいえ、きっと深海鮫でも種ごとに少しずつ歯形や歯並びが異なっているはずだ。新顔を釣るたびに標本を作り、その食性に想像を巡らせても楽しいかもしれない。

深海魚への接し方と食べ方の転機となった

この魚を釣るまで、僕にとって深海魚とはとても遠い存在だった。深海魚を間近で見たり、ましてや生け捕りにできるのは、一部の研究者など「特別な人たち」のみで、手の届かないものだと決めつけていた。いいなー、ずるいなー、と思っていた。しかし、こうして実際に捕獲に挑んだことで、「ああ、単に僕の行動力が足りていなかったんだなあ」と思い知ることとなった。シェイクスピアはその戯曲の中で嫉妬を「緑色の目をした怪物」と喩えている。ヘラツノザメはまさに緑色の瞳を持つ怪物だったわけだが、この魚を捕まえたことで「特別な人たち」に対する嫉妬心が洗い流され、自分なりに深海魚を追いかけていこうという野望を抱くようになった。水深何百メートルって、意外とどうにでもなる距離なのだ。一般人である僕でも、まだまだたくさんの深海魚を手にすることができるに違いない。

また、魚（特に軟骨魚類）を食べるにあたって、捕獲直後の処理がいかに重要であるかを再認識できた。以後は活《い》け締《じ》めを徹底して行うようになり、たとえ相手がアンモニア臭の厄介な軟骨魚類であっても、本来の味を知ることができるようになった。

ヘラツノザメとの邂逅は、僕にとって大きな転機となったのである。

フカヒレも美味しくいただきました。

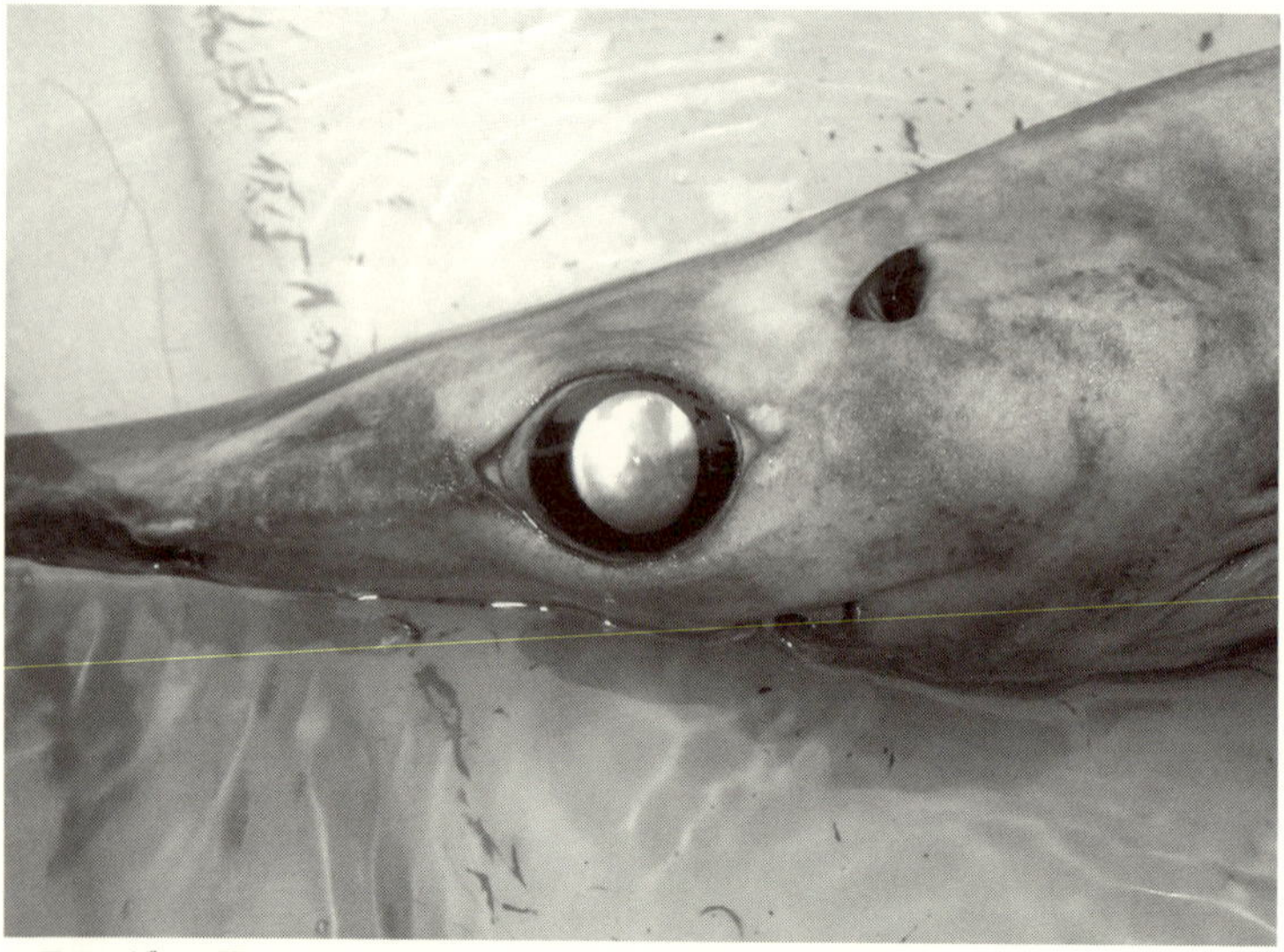
ヘラツノザメの眼。タペータムによってさながら満月のように輝く。

深海魚の眼はなぜ綺麗？

ヘラツノザメに限らず、深海魚の中には眼が異様に美しく輝くものが多い。その色合いは種によって異なり、ヘラツノザメなら黄緑、キンメダイやバラムツなら黄金色、シマガツオなら白っぽい光を放つ。

これは網膜の背後に「タペータム（輝板）」という反射板のような構造を持つことによる。暗い深海へかろうじて届くわずかな日光や生物発光を反射、増幅することで餌や外敵を見つけているのだ。

なお、タペータムは深海魚だけが持っている構造ではない。浅海に暮らすものでも、アカメのように夜行性が強い魚類にはしばしば見られる。というか、夜行性であれば陸上動物だって持っている。ライトに照らされたネコの眼がピカーっと光るのもタペータムに起因する。

だが、限りなく「真っ暗闇」に近い環境で生きる

COLUMN

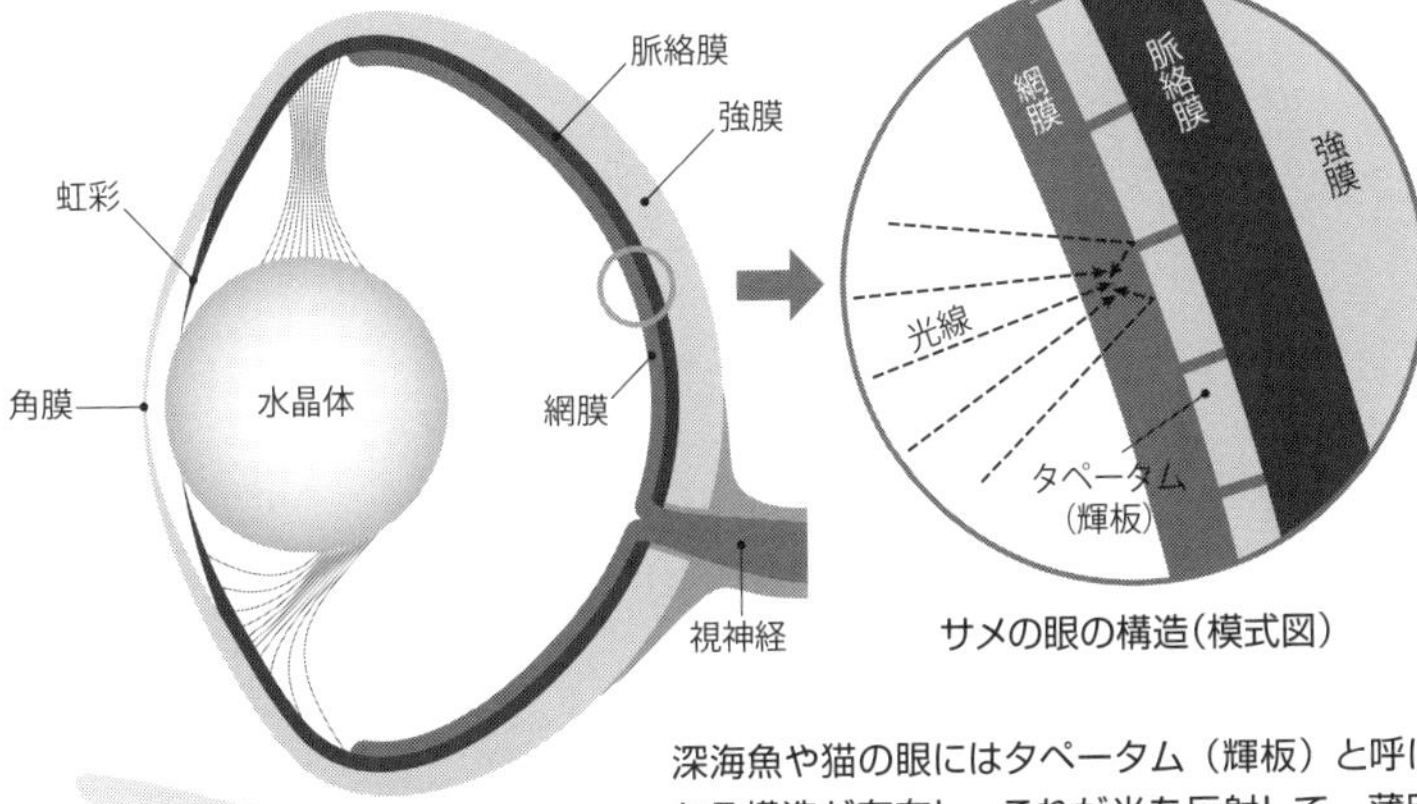

サメの眼の構造（模式図）

深海魚や猫の眼にはタペータム（輝板）と呼ばれる構造が存在し、これが光を反射して、薄明環境における網膜の感受性を上げている。ヒトのように主として日中に活動する動物はタペータムを持たず、網膜で吸収されなかった光は、網膜の背後にある色素上皮層で吸収される。

深海魚たちのタペータムは輝き具合が一味違う。概して眼そのものが大きく発達していることもあり、彼らの目元の美しさは他では決して見られない類のものとなっている。

眼の大きさといえば、深海魚の眼は鉢を張ったように大きく発達したものと、消えてなくなりそうなほど小さなものに二極化する傾向がある。

前者は前向きに光を求める方向へ進化し、後者はほんの僅かな光のためにコストを割くことを避け、いっそ視覚に頼ることをやめた魚たちの姿と言えよう。

アユやタイのように素直な顔立ちをした魚が深海に少ない理由はこの辺にもあるのかもしれない。

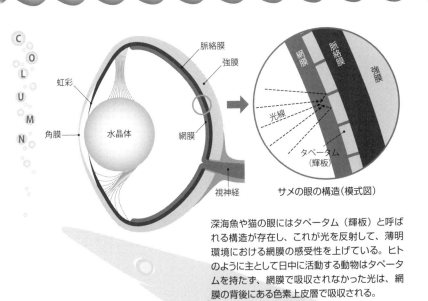

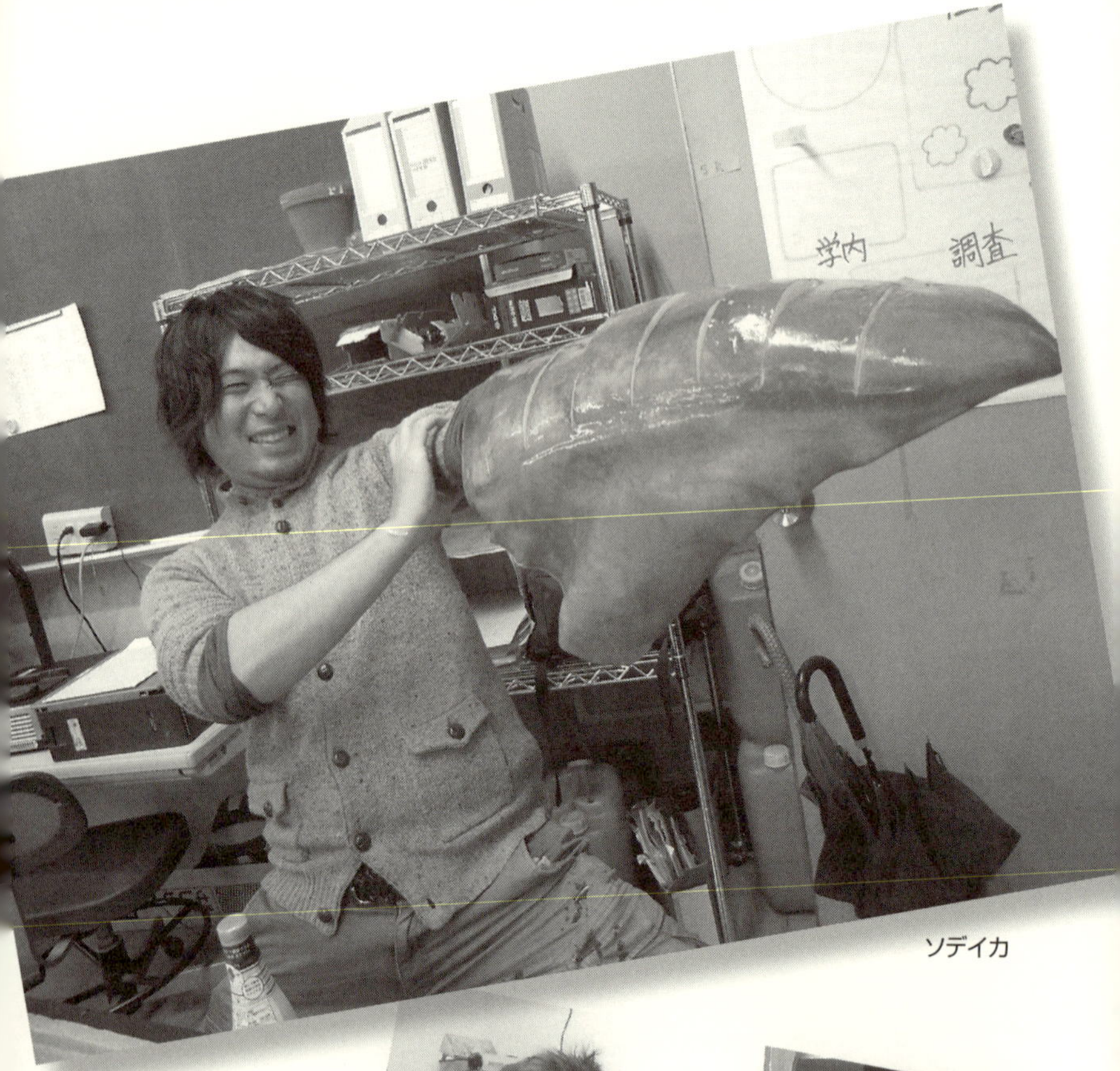

ソデイカ

ソデイカの眼

サメに食われ、ウオノエに食われ
人にも食われ
……ホラアナゴ

東京海底谷の深海域で釣りをすると、奇妙な魚が針に掛かる。ぬめぬめとした粘液を大量にまとった細長い魚体は青黒く、はっきり言って気味が悪い。顔立ちや体の造りから判断するにどうやらホラアナゴ科に属す魚であるらしいのだが、普段我々が食べているアナゴ（マアナゴ）とは似ても似つかない。だが、気持ち悪がって捨てたりせず、手に取って詳しく観察してみよう。そしてもちろん、味も見てみなければ。……きっと、味や食感もマアナゴと全く違うのだろうなぁ。

東京海底谷で一番たくさん釣れる魚

このホラアナゴと総称される深海魚たちは、東京湾の入り口、三浦半島沖の水深四〇〇～七〇〇メートルの海域で釣りをすると毎回のように釣り上がる。針が複数ついている仕掛けを使用すると、一度に二、三匹が上がってくることも珍しくない。また、二〇一四年にＮＨＫが放送し

大きく裂けた口からはアナゴよりもむしろウツボに近い印象を受ける。

た東京海底谷にクジラの亡骸を沈める実験では、おびただしい数のホラアナゴ類がその死肉をむさぼる様が鮮明に映し出されていた。どうやらかなりの数が生息しているのは間違いないようだ。ひょっとすると、この海域で最も多い深海魚なのかもしれない。

また、この魚は針に掛からずとも、そこに居さえすれば仕掛けにある変化を残し、その存在を教えてくれる。半分固まった木工用ボンドのような白い粘液が釣糸や針に絡みついてくるのだ。当初はこの粘液の正体がわからず戸惑ったものだ。しかも、これが仕掛けや手にまとわりつくとなかなか取去ることができず難儀する。外敵への威嚇や攻撃のために噴射されるナマコのキュビエ器官やイカの墨を思わせる煩わしさ。もしかすると、ホラアナゴのこの粘液もこうした護身具の一種として機能しているのだろうか。

深海で生き抜くためにはサメも食う

ホラアナゴは本当によく釣れる。サメなどの大物を狙って大きな餌を沈めている時でも、この魚が口いっぱいに餌と釣り針を詰め込んで揚がってくることがしばしばあるほどだ。

釣り上げた個体を観察すると、まず驚くのが口の大きさ。浅海性のアナゴに比べてはるかに大きく、顎の骨格も非常に柔軟であることがわかる。このため、驚くほどの大口を開けることができるようだ。

忘れもしない。ヘラツノザメを求めて、初めて東京海底谷に出船したときのことだ。僕の竿に何かが掛かった。はやる気持ちを抑えつつ慎重に釣り糸を巻き上げると、「うわっ、なんじゃこりゃ！」ニョ

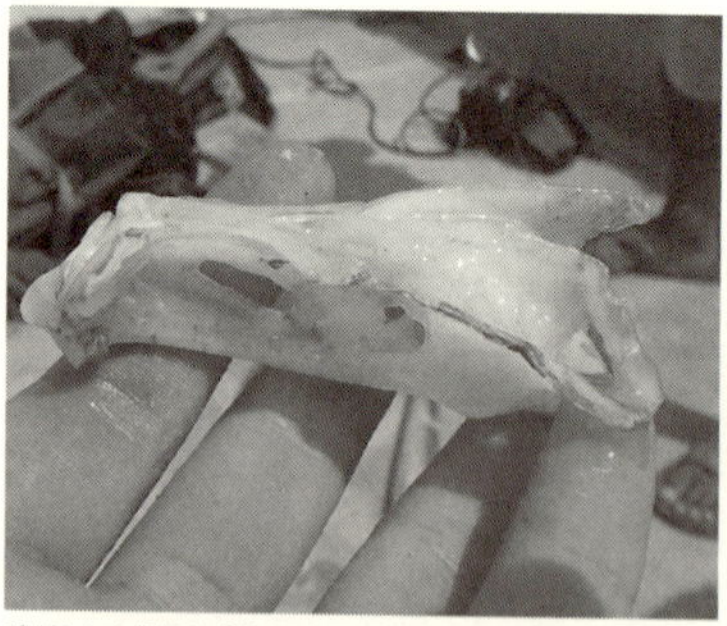

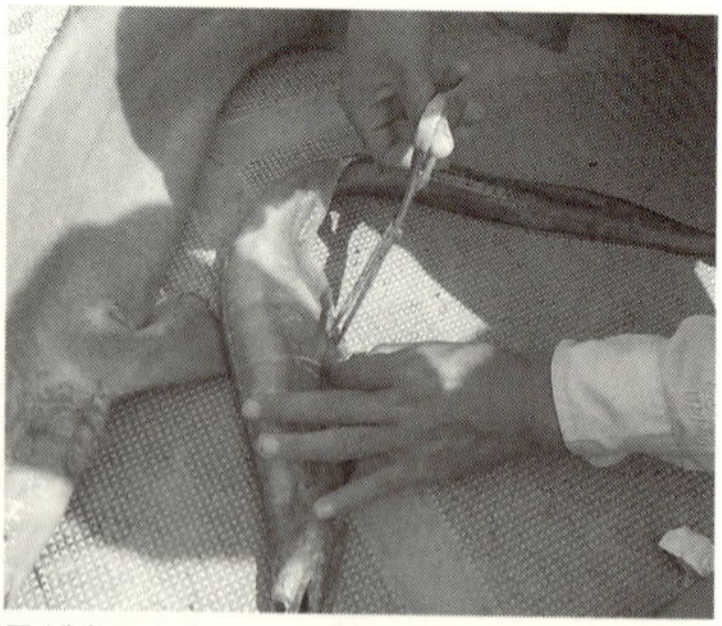

膨らんだ腹を割くと、深海鮫のものと思しき頭骨が出てきた。

口が大きく、顎周りの骨格がとても柔軟。これなら大きな餌も選り好みせずに飲み込める。

釣り上げたホラアナゴを活き餌にして深海鮫を釣ることも。ただし、生きたホラアナゴはよく動いて目立つが臭いが薄い。そのため、僕は嗅覚にも訴えるよう臭いの強烈なサバの切り身などを添えて使用することが多い。

ロニョロした奇っ怪な魚が大口開けて姿を現した。これがホラアナゴだったのだが、初対面でも不自然さに気がつくほど腹が大きく膨れていた。不審に思って船上で腹を割いてみたところ、消化管から大きな魚の頭骨が出てきた。その大きさは自身のそれとほぼ同じ。しかも、よくよく調べてみるとそれは小ぶりな深海鮫のものであるらしいことが判明した。自分と同サイズの頭部を持つサメ（あるいはその死骸）を丸飲みにしていたということだ。地上では、ヘビが鳥の卵など大きな餌を丸飲みにしてお腹を異様に膨らませていることがあるが、ちょうどあんな感じである。

光が届かない深海では植物プランクトンや海草が生育できず、結果として浅瀬に比べて餌となる生物が少なくなる。そのため、見つけた餌は多少大きくても貪欲に摂食する必要があるのだろう。ホラアナゴ類の異様に大きく開く口は、そうした悪食を支えるために進化の過程で編み出されたデザインに違いない。

ちなみに、釣れたホラアナゴを針に掛けて再度深海へ沈めると深海鮫がよく食いついてくる。この魚にとってサメは捕食者でもあり、餌でもあるのだ。

ホラアナゴノエ

この大きな口の中に、一度だけだが寄生虫が棲み着いている個体に遭遇した。最近キモカワイイと人気のダイオウグソクムシやダンゴムシに近縁なウオノエ（タイノエとも）の一種だった。ウオノエは、漢字で書くと「魚の餌」。「魚の餌」と言いながら、餌になっているのは魚のほうで、魚の口内や鰓、体表面などにくっついて、体液を吸う寄生虫だ。人間に寄生するようなことはないのでご安心を。

よく目にするウオノエは、タイやサヨリの舌や鰓に付着しているもので、それらはせいぜい体長一～二センチ程度である。ところが、このホラアナゴに付いていたウオノエはそれらに比べるとはるかに大きく、なんと六センチ近くもある。深海の、しかも魚の口腔内という徹底的に光が届かない環境で暮らしているため色素が薄いのだろうか、色合いもまるでアルビノのような黄白色である。

深海にもウオノエがいるのか！　しかもこんなにデカいのが！　という興奮を共有しようとツイッターに写真を投稿したところ、まもなくウオノエの研究者から標本の提供依頼が舞い込んだ。ウオノエの類はサンプルを集めるのが大変で、特に深場の魚につく種ではなおさらなのだそうだ。そもそもどこかの研究機関に寄贈するつもりだったのでただちに快諾したが、それにしても誰が見ているかわからんものだ。ソーシャルネットワーキングサービス怖いなー。

冷凍便でウオノエを釣ったアナゴとともに送付したところ、分子解析の結果が後日メールで届いた。それによると、このウオノエは「ホラアナゴノエ」というホラアナゴ類にのみ寄生する種なのだという。また、宿主のアナゴは「リュウキュウホラアナゴ」という種であろうということも明らかになった。まさか、こんな形で正確な種名を知ることになるとは思わなかった。ただし、ホラアナゴ類は、このようにDNAを抽出するなどハイテクな手法を用いなければ種を正確に判別することが難しい。よって、これまでに釣れた他の個体も同じくリュウキュウホラアナゴであったと断定することはできない。実際、今までに釣ってきたいくつかの個体を観察してみても、それぞれ眼の位置などに細かな違いが見られた。リュウキュウホラアナゴのほかにもイラコアナゴやホラアナゴなど、よく似た複数の種が混在している可能性が高いだろう。

それにしても、サメを丸飲みするホラアナゴは逆にサメの餌ともなり、さらにホラアナゴノエという寄生虫にまで狙われているのだ。深海という世界の「食う食われる」関係は想像していた以上に複雑で、なかなか過酷であるようだ。

ほぼアナゴ味！

では、ここらでいよいよ料

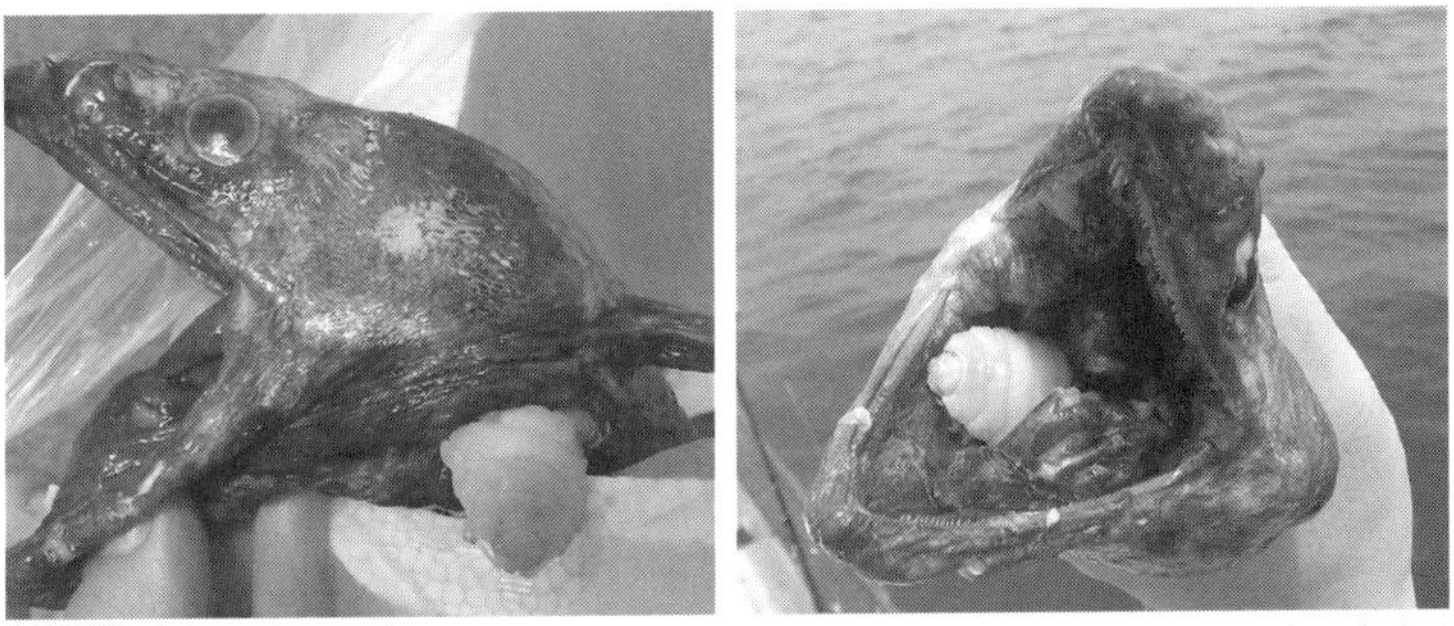

大きな口からウオノエが！　さらに、ホラアナゴごとクーラーに放り込んでおいたら、ウオノエが喉を食い破って這い出してきた!!……と思ったが、実はこれ口腔を通って鰓孔から出てきただけ。このように両側の鰓の開口部が喉元でつながっていることがホラアナゴ類の大きな特徴で、これは英名である「cutthroat eel（喉裂けウナギ）」の由来となっている。

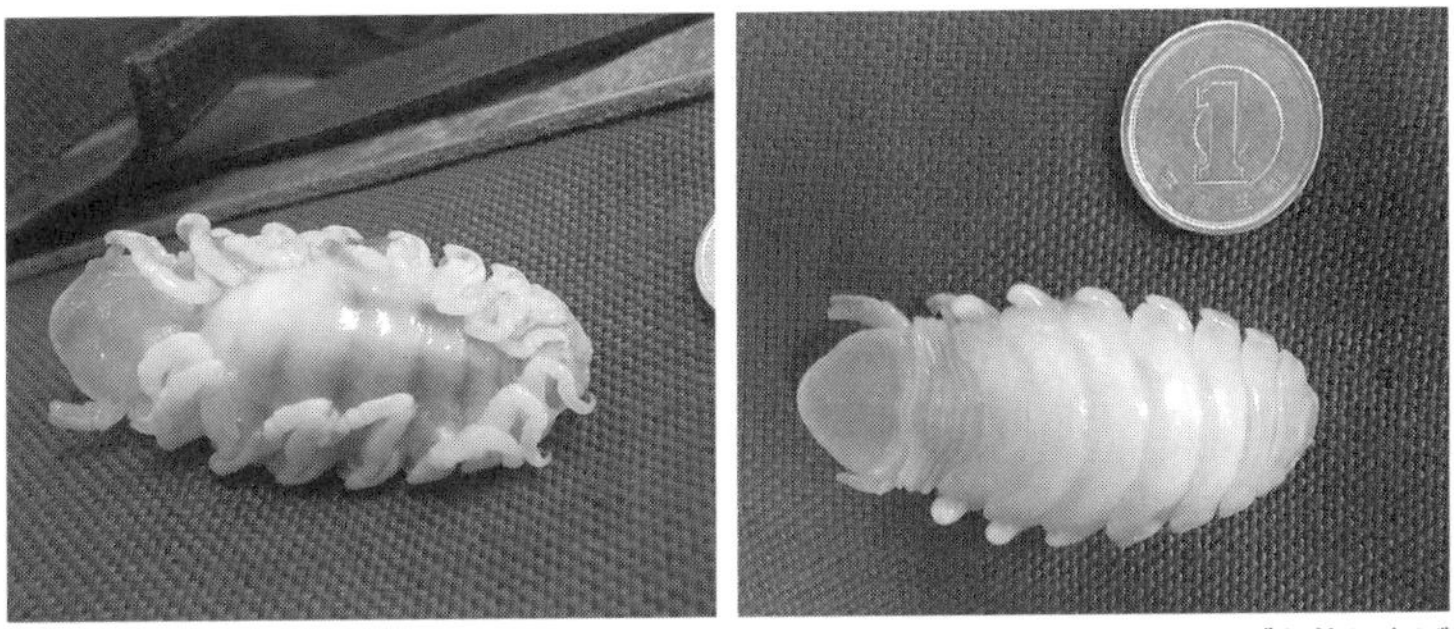

ホラアナゴについていたウオノエ、その名も「ホラアナゴノエ」。宿主のアナゴを釣り上げてから発送するまで、30 時間以上も水のないクーラーボックス内で生き続けていた。

理の話に移ろう。当然、初めて調理する食材なので、どのように扱うのが正しいかわからない。とりあえず、過去にさばいて食べた経験のあるマアナゴに準じた料理に仕立ててみよう。まずは定番中の定番、蒲焼きから。

まな板に錐《きり》で目打ちして、背開きにしてみる。すんなりと包丁が入る。皮の切れ目から覗く身は白く澄んでいて、マアナゴのそれに全く見劣りしない。ただ、腹膜が真っ黒である点だけが大きく異なる。

頭を落とし、腹膜を削ぎ、タレを塗り、皮目を焼き……と工程を重ねるごとに、どんどん「ただのアナゴ」になっていく。焼き上がったものは、それだけを見れば、誰もがマアナゴの蒲焼きと信じて疑わないであろう出来栄えとなった。

だが、味にまでアナゴらしさがあるかはまだわからない。以前、マアナゴによく似たダイナンアナゴやキリアナゴを蒲焼きにしてみたところ、やはり見た目はそっくりに仕上がった。が、いざ食べてみるといずれも身が硬いうえに大味で、マアナゴとは似ても似つかなかったという経験があるのだ。だからこの段階ではまだ期待しすぎてはいけない。

どうせコイツの身も固いんだろう、パサパサしてるんだろうと警戒しつつ箸を立てる。ところが、意外にもふっくらと柔らかく、すんなりと身を切り取ることができた。これはもしやとほのかな期待を抱きつつ一口頬張ると、舌に覚えのある味が広がる。これは……まさしくアナゴの蒲焼きだ！　さすがにマアナゴと比較すると多少控えめだが、ちゃんとアナゴらしい濃い旨味と香りがある。これはアナゴ類全般の中でも、明らかに旨い部類に入る魚だろう。

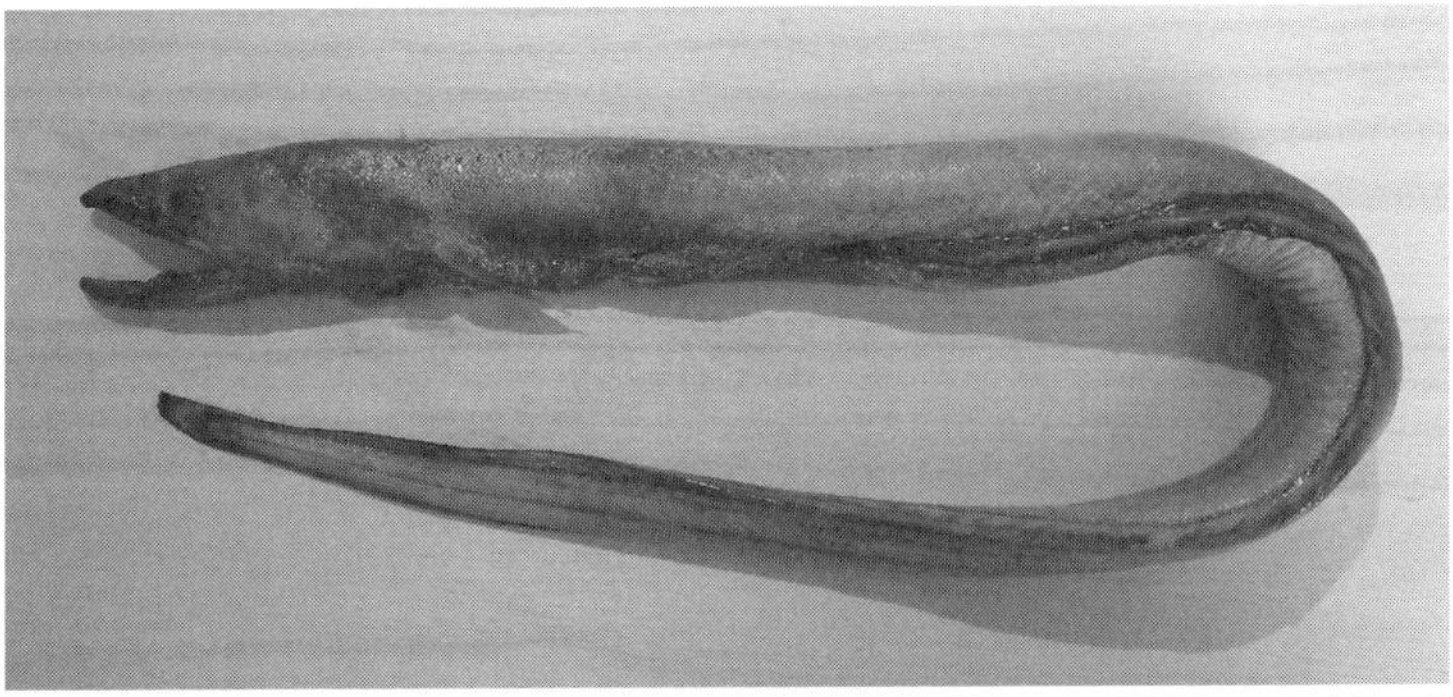

ホラアナゴ類はあまり弄り回していると体表の色素が剥がれ落ちて白っぽくなってしまう。この個体はおそらくイラコアナゴ（*Synaphobranchus kaupii*）だと思われる。

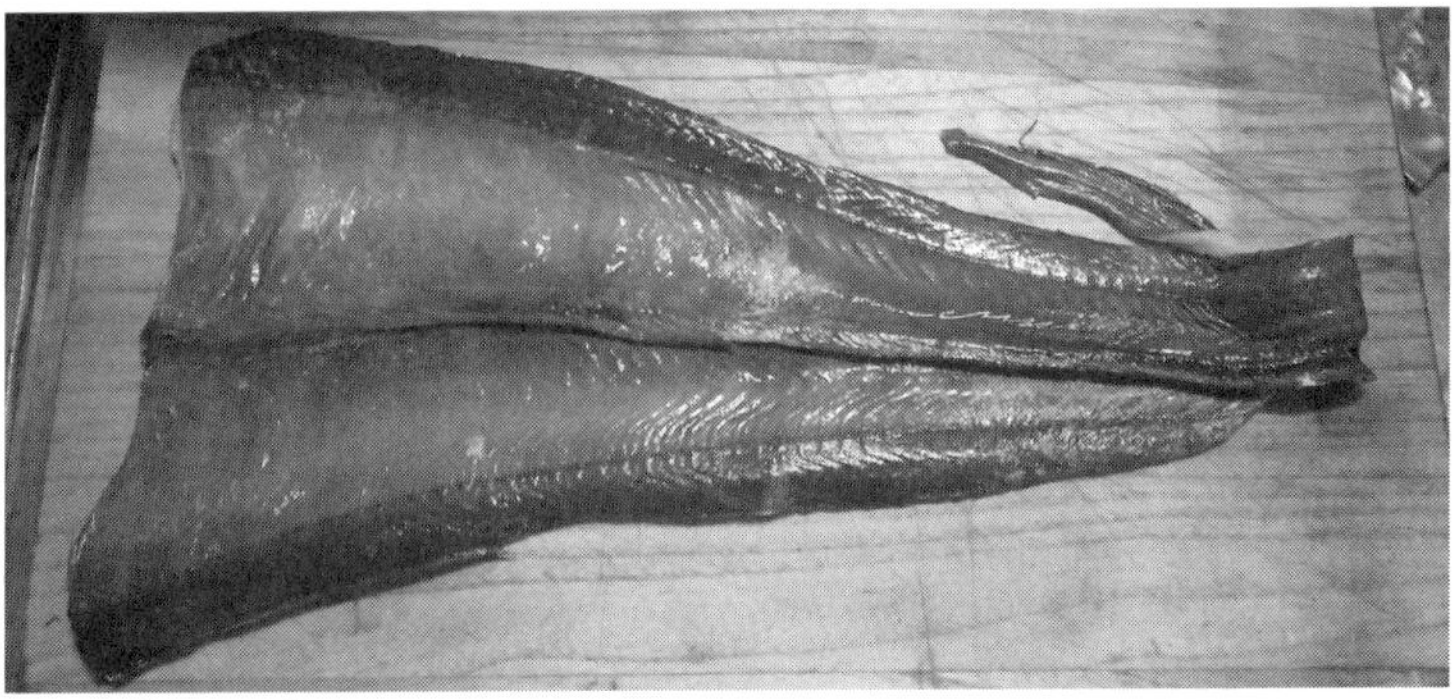

マアナゴと同じく背開きに。

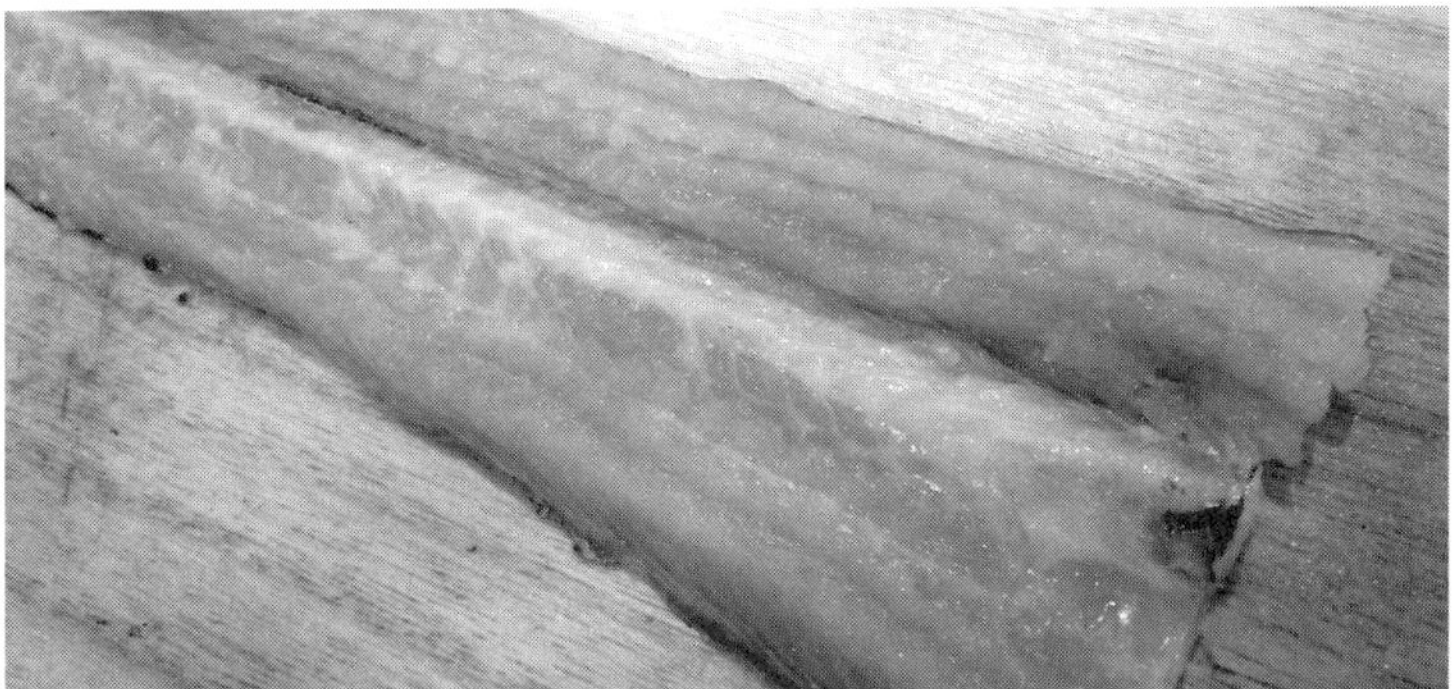

青黒い体色に反して、身は真っ白でマアナゴにそっくり。

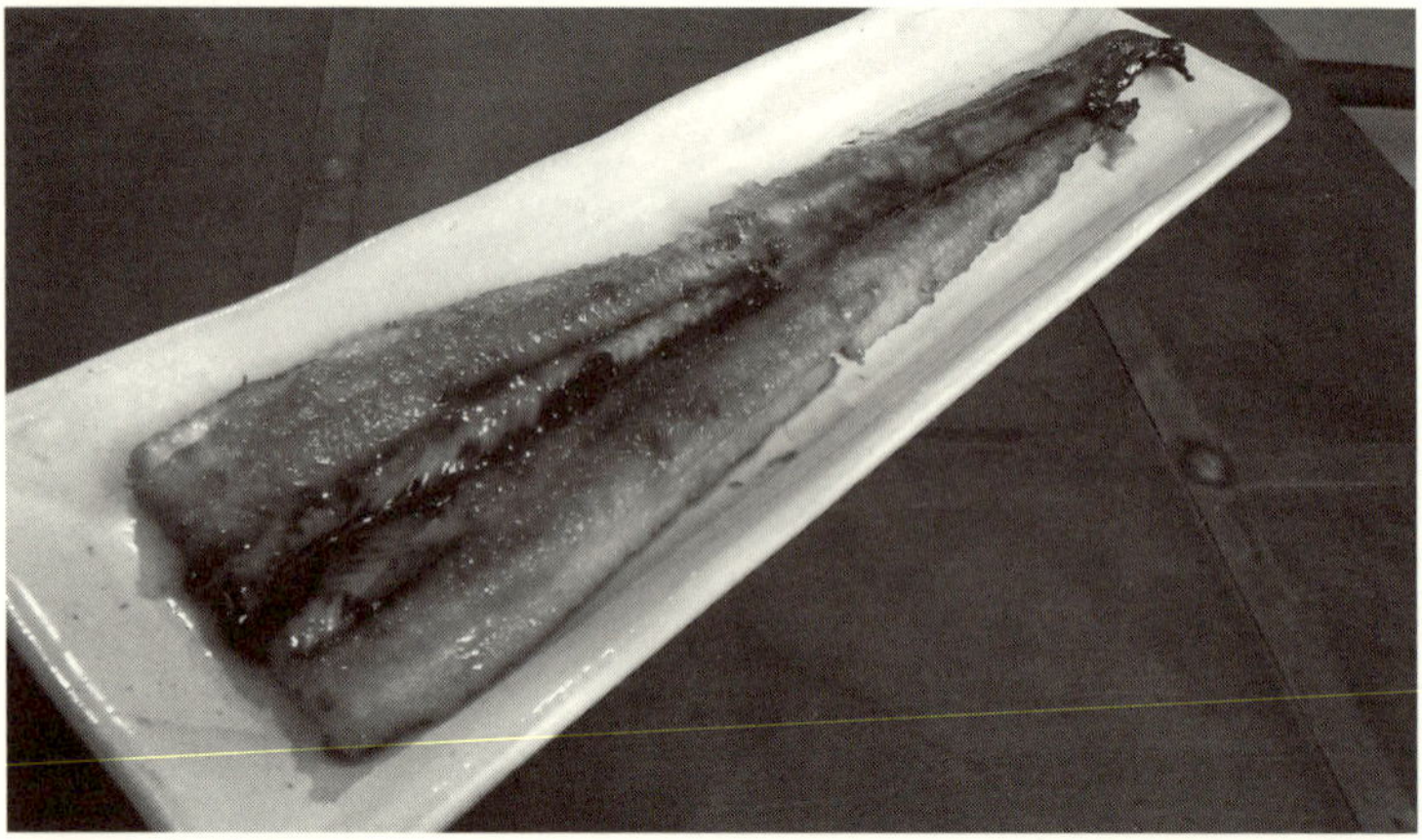
ホラアナゴの蒲焼き。

ただ一つ難を挙げるとすれば小骨が少々気になったことだが、これはおそらく使用した個体が全長七〇センチ前後と大型だったためであろう。市場に多く出回るマアナゴのように四〇センチ程度の個体であれば、小骨も毛のように細く口当たりを邪魔することはないだろうと思われる。また、マアナゴに比べてやや身が軟らかいようにも感じられた。これについては個々人の好き好きだろうか。

これだけアナゴらしい味がするなら、きっと他の食べ方でも美味しいはずだ。アナゴと言えば穴子天、というわけで天丼を作ってみた。大葉と獅子唐を添えれば、深海穴子天丼の出来上がり。手前味噌ながら店でも出せそうな出来栄えで、これがまた旨い。柔らかい肉質が天ぷらによく合っている。また、油で揚げるとさらに味わいがマアナゴに似てくる。夢中で、掻き込むように平らげてしまった。

ちなみに、揚げ物は蒲焼きよりも調理時に神経を使わずに済むので、以後ホラアナゴ類が釣れた際はもっぱらこうして食べるようにしている。きっと他には、煮穴子や白焼

ホラアナゴの天丼。

きなどアナゴの定番料理なら何にしても旨いだろう。

実はマアナゴの代用魚になっている

それにしても、ホラアナゴの味は本当にマアナゴによく似ていた。お店でアナゴ料理を注文して、こいつらを素知らぬ顔で出されたら僕にはきっと見抜けないだろう思ってしまった。だが、それもそのはずだとその後まもなく思い知る。スーパーマーケットの鮮魚売り場で「原材料・いらこあなご」と表記されたきざみアナゴのパックを発見してしまったからだ。

イラコアナゴをはじめ、ホラアナゴ科魚類はこうして加工品の形で「アナゴ」としてマアナゴよりも安く出回っているのだ。なんだ、ただ僕が知らなかっただけで、もしかするともうとっくの昔に口にしていたかもしれないのか。

だが、こういう事実を知ると、ちょっともやっとした思いが胸に残る。食べて害があるわけでもない、ちゃんと美味しい魚なのだから、マアナゴの影武者というか代用品のような形で売りに出さなくても、と。ホラアナゴ類はホラアナゴ類として、新顔の安くて旨い魚として正々堂々売り出せばいいではないか、と。

実は、このように馴染みの薄い深海魚が正体をぼかされて消費者の手に渡るケースは多い。……そうしたい気持ちはわかる。特に日本人は馴染みのない魚介類を極端に強く警戒・忌避する傾向がある。だから、そうでもしないと、売り出し当初はなかなか買い手がつかないかもしれない。すでに広く知られている食用魚の名を借りれば、手っ取り早く売りさばけるだろう。

だが、そうして素性を隠すことが食材としての深海魚の地位を貶めているのではないか。こうした売り方は「深海魚＝気持ち悪い、食べられない」という負のイメージを維持、助長してしまいかねない。深海魚という大きな可能性を秘めたジャンルの商品開発を遅らせ、長期的には水産業者自身の首を絞めることになるとも考えられる。

そういえば、二〇一五年二月に、富山県新湊で催されたダイオウイカのスルメ試食会には大勢の人が集まったという。最初はこういう具合に「レアな深海魚が食べられますよ！」なんて好奇心を煽るキャンペーンを張ってもいい。とにかく深海魚（あるいは新顔の輸入魚にも言えることだが）を食材として消費者に認知させることが肝要であろう。そのステップを踏み越えれば、堂々と名前を明かして深海魚を売り出せるようになるだろう。ん？　深海魚は見た目が気持ち悪い奴が多いから売れないって？　大丈夫。アンコウもオコゼも不細工だけど大人気の高級魚だろう。いったん見慣れて、味さえ周知させれば外見なんて関係ないのだ。

さらに感情的なことも言わせてもらえば、素性を隠しながら流通させるのは、魚がかわいそうである。そういう意味でも、今まで正体を隠されてきた深海魚たちが、堂々とその名を出して店頭に並ぶ日が来ることを個人的に願っている。

（注）本章の題および本文中にある「ホラアナゴ」とは独立した種としてのホラアナゴ（*Synaphobranchus affinis*）ではなく、「ホラアナゴ科に属す魚類の一群」を指すものである。

この魚が釣れたら必ず持ち帰ろう。

COLUMN

深海魚の口はなぜ大きい？

深海魚の多くはちょっと魚らしくない特徴的な顔立ちをしている。その異様さを醸し出しているキーポイントが口周りである。

本章で紹介したホラアナゴ類をはじめ、深海魚にはやたら口の大きなものが多い。一方で、タイやフナ、フグのようなおちょぼ口は滅多にいない。

これは深海という貧しい環境ゆえに発達した貪欲な食性が反映されたものではないかと僕は考えている。日光の届かない深海には植物プランクトンや海藻が存在せず、それを食べる動物プランクトンとさらにそれを食べる小動物もあまりいない。つまり、深海魚にとっての食物が少ないのだ。そんな常に飢餓と隣り合わせの深海底では、好き嫌いは許されない。「あそこに小魚が泳いでるけどちょっと大きいから食べずにおこう」とか「エビの死骸が落ちてるけど一口じゃ食べにくいから少しずつ齧って食べよう」とか言ってはいられないのだ。

食べられそうなものを見つけたら多少大きくても食べておかなくては、次またいつ食料にありつけるかわからない。ちびちび齧って食べていたら、他のもっと大きな魚に横取りされるかもしれない。確実に餌を採るにはとにかく大口を開けて丸飲みにしてしまうのがベストな戦略だと考えられる。そんなわけで、深海魚はどいつもこいつも自己主張の強いビッグマウスなのだろう。口がデカければデカいほど、食べられるものが増えるのだから。

いろんな意味で
禁断の美味
バラムツ・アブラソコムツ

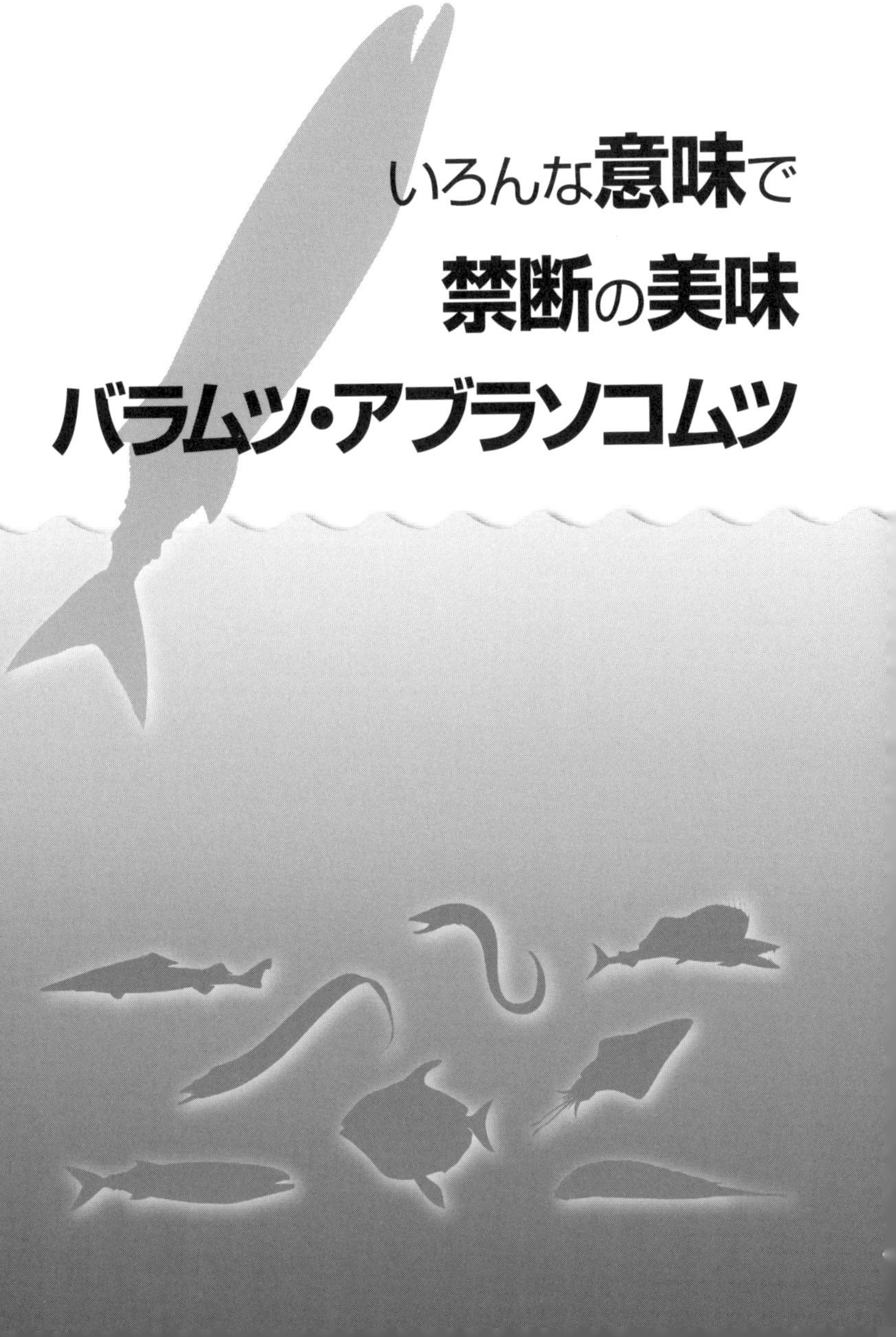

こんな見た目だけど美味しいのよ!　でもたくさん食べると……?

学生時代、魚類を扱う研究室に所属していた頃に不思議な刺身を食べた。一見して「普通の魚じゃないな」とわかってしまう肉の色、そして何より過去に食べたどんな魚も敵わないほどの濃厚な美味さに衝撃を受けたのを鮮明に覚えている。

しかし、「一人五切れまでな。それ以上食べると大変なことになるらしいから……」と先輩から意味深に制止され、心ゆくまでは味わうことができなかった。ああ、もう一度あの魚を食べたい。それもたっぷりと!　自己責任で!

超旨い!　でも五切れまで?

その魚は「バラムツ」という深海魚で、魚好きの間ではけっこう有名な存在である。ムツと名は付くがムツ科の魚ではなく、クロタチカマス科に属す。

二〇一二年のある冬の日、僕はこの魚に再会す

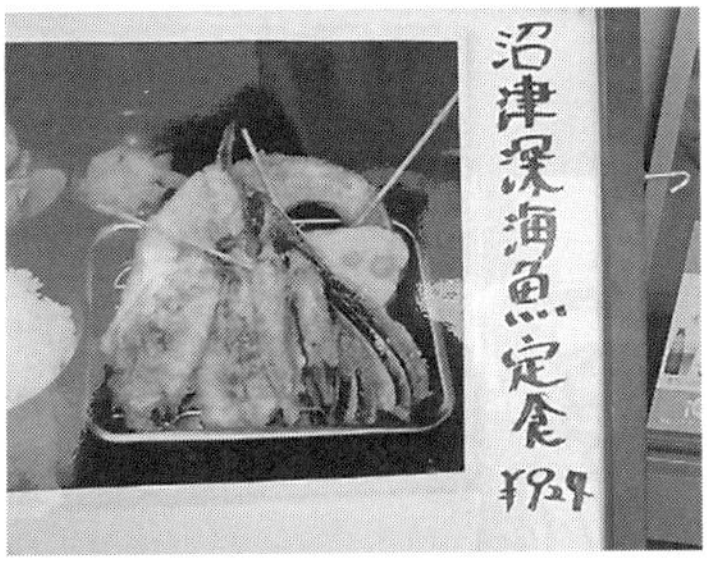

深海魚定食なるものまで。

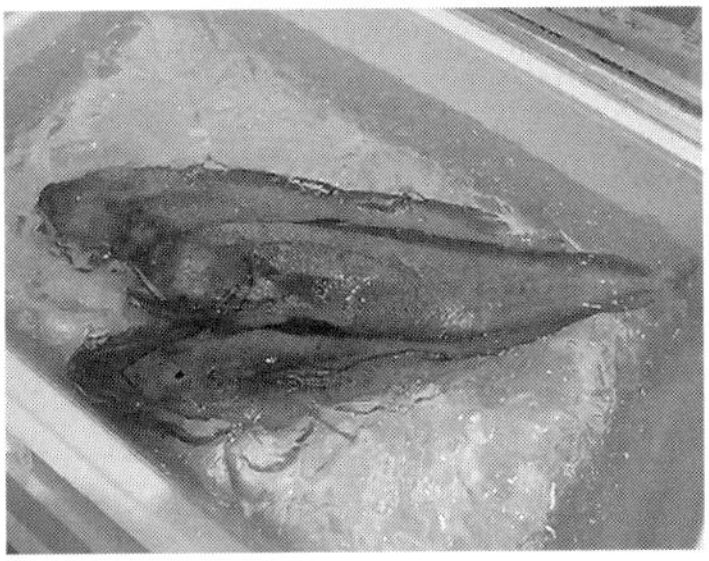

深海魚が平然と売られている。これはチゴダラかな?

るべく静岡へと飛んだ。目指すは日本でも有数のバラムツ生息域である駿河湾。伊豆半島先端の石廊崎と静岡県西部最南端の御前崎を湾口の両端に据えたこの湾は、非常に水深が深い。これは湾の南北に駿河トラフが走っていることに起因する。湾の最奥部に当たる富士川河口の辺りでは、海岸から二キロメートルくらいのところで水深五〇〇メートルにも達するという。そのため、世界的にも稀な深海生物の好漁場になっているのだ。湾沿いの魚市場を覗いてみると、なるほど、キンメダイやメヒカリ（アオメエソ）など有名どころの深海魚が並んでいる。

しかし、目当てのバラムツはこの市場でも手に入らない。「一人五切れまで」という言葉からお察しの通り、バラムツは食べすぎると健康に、とある害を及ぼす恐れがある。そのため、食品衛生法第六条第二項違反魚種として、厚生労働省通達により販売禁止の措置がとられているのだ。

ならば、自身の手で捕獲して調理するまでである。幸いなことに駿河湾にはバラムツを釣らせてくれる遊漁船があるのだ。バラムツはとても大きな魚なので、大物を狙う釣り人に人気があるのだそうだ（た

ちなみに釣りの仕掛けは、巨大なルアーにサバやサンマの切り身をつけるという一風変わったもの。ルアーのみでも釣れるようだが初心者にはこちらがオススメらしい。

だし、釣っても持ち帰らない人がほとんど。キャッチ&リリースというやつだ）。そのうえ、僕のような釣り初心者でも比較的簡単に釣れてしまうらしい。よっしゃ、一発デカいの釣っちゃうぞー！

地震、高波……そしてミス。

ライター仲間の伊藤氏と西村氏、それから魚好きの友人M氏と四人でチャーターした船が満を持して清水の港を出る。しかし、この日の駿河湾は釣り船の船長も認めるほど最低のコンディションだった。風が強くて波が高く、船上で立っているのもつらいほど。危うく出船自体が中止になるところだったらしい。さらに極めつけは当日に静岡沖でやや大きな地震が発生したこと。船長が言うには地震の直後は魚が怯えてしまい、あまり餌を食べなくなるらしいのだ……。

それでも船長はやはりプロ。どんなに厳しい状況でもなんとか釣り客に魚を釣らせようと知略を巡らせてガイドしてくれる。そのおかげで、ついにライター伊藤氏にバラムツがヒットした。相当力が強いようで、必死の形相で竿を掴みリールを巻いている。そういえば出船前、彼に「釣りの経験はありますか？」と訊ねたところ、「ワカサギ釣りなら」との答えが返ってきたな……。

格闘すること一〇分以上。水面に一メートルは優に超える巨大な魚が浮かび上がった。船長が「バラだ！」と叫び、ギャフ（大型魚を取り込む際に用いる手鈎）を手に駆け寄る。やった！　ついにバラムツとご対面だ‼　と思ったその時、バラムツは大きく頭を振って暴れ、口元の釣り針を振り外してしまった。身を翻して深海へと帰っていくバラムツ。思わず「あ、あ、あ、あああ」と追いすがるような声を出す僕。伊藤氏は疲れ切って座り込んでいる。あんな巨体を水深二〇〇メートルから引き上げたのだ。無理もない。

彼はその後ももう一尾のバラムツを掛けてくれたが、またも惜しいところで逃げられてしまった。しかも、今度の取り逃がしは僕がギャフの打ち込みにもたついたことによる部分が大きかったので、あまりの申し訳なさから海へ飛び込んでしまいたくなった。

目の前まで魚を連れてきてもらっておきながら取り込めなかった後悔と申し訳なさ、そして迫る帰港時間への焦り。追いつめられていた。釣りをしていて、魚が掛かっていないのにあんなにも心臓がバクバク鳴るとは。

その時だ。

「あっ」

焦りと動揺から手が滑り、数万円分の釣り具一式を竿ごと駿河湾に放り投げてしまったのだ。ああ、馬鹿だ。

「夜の沖釣りではよくあることだから気にすんなよ！　ガハハ！」と、船長は豪快に笑って励ましてくれた。よくあるのか、こんなことが。だが、たとえよくあることだとしてもショックなものはショックだ。今となっては笑い話だが、この辺りで僕の心は駿河湾よりも深い場所へ沈んでいってしまった。

子バラムツが釣れた！

それっきり、その釣り場では魚の反応がなくなってしまった。

「ポイント移動するから仕掛け回収してー！」

船長の声が響く。

各自仕掛けを回収すると、同船した友人M氏の仕掛けに小さな魚が引っ掛かっていた。小さすぎて引き上げてみるまで存在に気づかなかったそうだ。サバを黒っぽくしたような魚体。だが、大きな眼が爛々と金色に輝き、異様な雰囲気を纏っている。もしかしてこれって……。

「あー！　それバラムツの子ども！」

と船長。マジですか。

船長曰く、バラムツは釣れれば一メートル以上の大型個体が当たり前で、こんなに小さなバラムツ

赤ちゃんバラムツの貴重な画像。妖しく光る眼なんかは確かに深海魚っぽい。

にはめったにお目にかかれないとのこと。ある意味ラッキーな経験ができたようだ。

結局この日は、この一匹を釣り上げただけでタイムアップ。なんだか拍子抜けな結末だが、とりあえずバラムツは確保できた。港へ帰り、釣り宿の台所を借りて釣ったバラムツの調理を行うことに。

しかし、こんなに小さな個体では刺身を味見するだけで終わってしまうな。そう思っていると、釣り船のおかみさんが冷凍庫から何かを取り出した。

「そんなに食べたいならこれいいよ。タダでおすそ分けしてあげるから」

以前に釣り上げられたバラムツの切り身だった。これはありがたい。ここではとりあえずこの身を試食し、釣れた赤ちゃんバラムツは持ち帰ることになった。

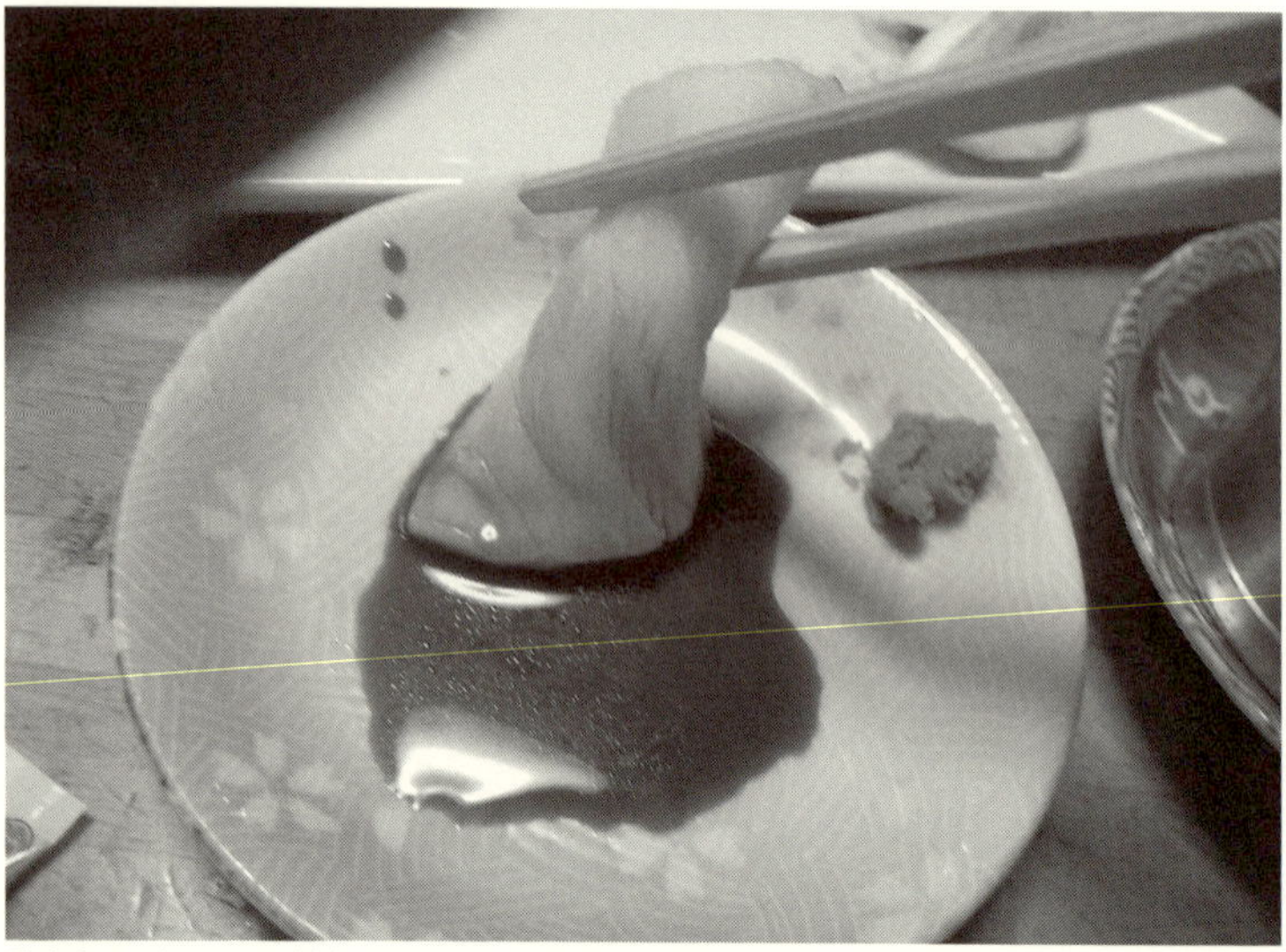

乳白色のバラムツの刺身。端を浸した瞬間、小皿の醤油に油膜が広がる。

とりあえず刺身にしてみる。綺麗な白身だ。いや、これは白身と呼んでいいのか？

確かに真っ白だが、一般的にイメージされる「白身魚」の透明感のある白さではない。牛乳のようにトロリと濁った濃い白さだ。一見すると貝類のようでもある。

そして、やはりここでも「四、五切れまでにしとかないと、あとが大変ですよー」とおかみさんに釘を刺された。またそれか。そのボーダーラインを越えた先には、一体何が待っているというのだ……。

久しぶりに口にするバラムツ。味は、やはり掛け値なしに旨い。強いてその味を他の魚で例えるとするとどうだろう。脂の乗りはマグロで言う大トロ、いやそれ以上だ。身を白濁させていたのは大量の脂だったのだ。バラムツの英名は「オイルフィッシュ」というが、そう命名した理由も納得できる。ならば身質もとろけるように軟らかいかと言うと、それが案外そうでもない。しっかりとした歯ごたえは、むしろブリを思わせる。醤油を弾くほどの脂はほのかに甘く、やみつきになりそうな不思議な味わいである。脂の乗った魚を好む僕にしてみれば、五切れで箸を止めるのは苦痛ですらあった。

やはり大物を見てみたい！

いやー、小さいながらもバラムツの写真も撮れたし、味見もできたし無事取材終了！　よかったよかった！……とは到底思えない。

巨大になる魚と聞いていていながら、その姿を掲載しないというのは、読者にも魚にも失礼ではないか。何より素敵な生き物がいるのに、その魅力を充分に伝えられないというのは僕自身が納得できない。それにここまで来たからには味見程度ではなく、ガッツリとむさぼり食ってその先に待つ「悲劇」さえも体験しなければ気が済まない。取材としては赤字もいいところだが、もう一度挑戦するべく再度の出船予約を取り付けた。

二週間後、先日お世話になった船長の息子さんが舵を取る別船で、地元の釣り人たちとチームを組んでバラムツに挑むこととなった。しかし、またしても魚の活性は最低。このところ連日荒れ続けた天気が影響しているのだろうか。バラムツが餌に食いつくことはなく、時間だけが刻々と過ぎていく。

「こんな日は滅多にないんだけどねえ。そもそもバラムツなんて釣るのに苦労するような魚じゃな

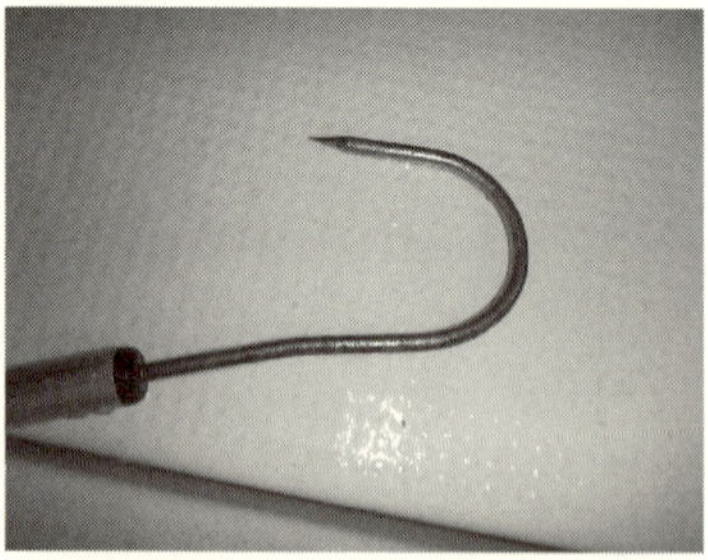

これが「ギャフ」。もはやタモ網ですくうとかいう次元じゃないのだ。

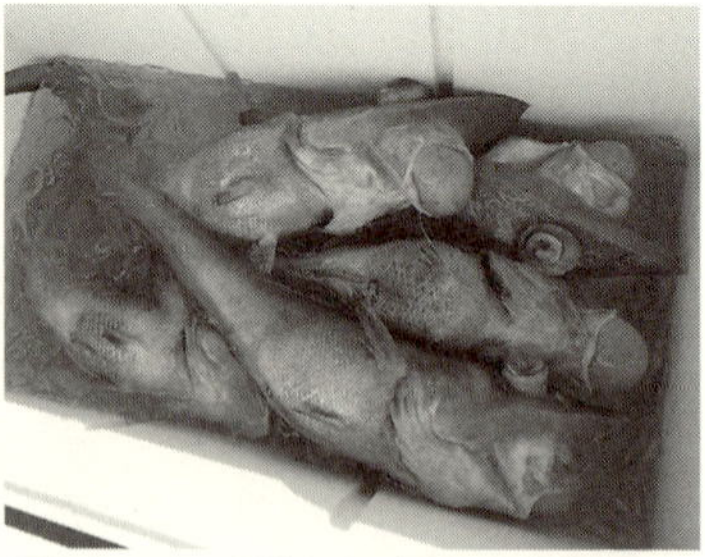

深海魚の中には釣り上げる際の水圧急変で鰾が膨張したり、眼球が飛び出してしまうものも多い。

いんだよ」

そう船長は言う。となると、二回続けて苦戦を強いられている僕は相当に運が悪いようだ。あるいはバラムツに嫌われているのかもしれない。

しかし、船上が諦観のムードに包まれたその時。地元のベテラン釣り師がついにバラムツを掛けた！　暴れるバラムツを上手く誘導して水面まで引き上げてくるが、まだ安心はできない。前回の挑戦を振り返る限り、本当に大変なのはここからである。水面に浮いてからの暴れっぷりときたら、それはもう凄まじい。

……おや？　おかしいな。たしか魚というのは深海から浅場へ一気に引き上げると水圧差の影響で鰾《うきぶくろ》が膨張して口から飛び出し、絶命してしまうのではなかったか。なぜバラムツは水面でもなおパワフルなのだ。

答えは簡単。なんとバラムツには鰾がないのだ。そして、浮力を得るための鰾を持たずして、水中を自在に泳ぐための秘密があの脂の乗りっぷりにある。バラムツは海水より比重の小さい脂肪を全身に蓄えまくることで浮力を確保しているのだ。

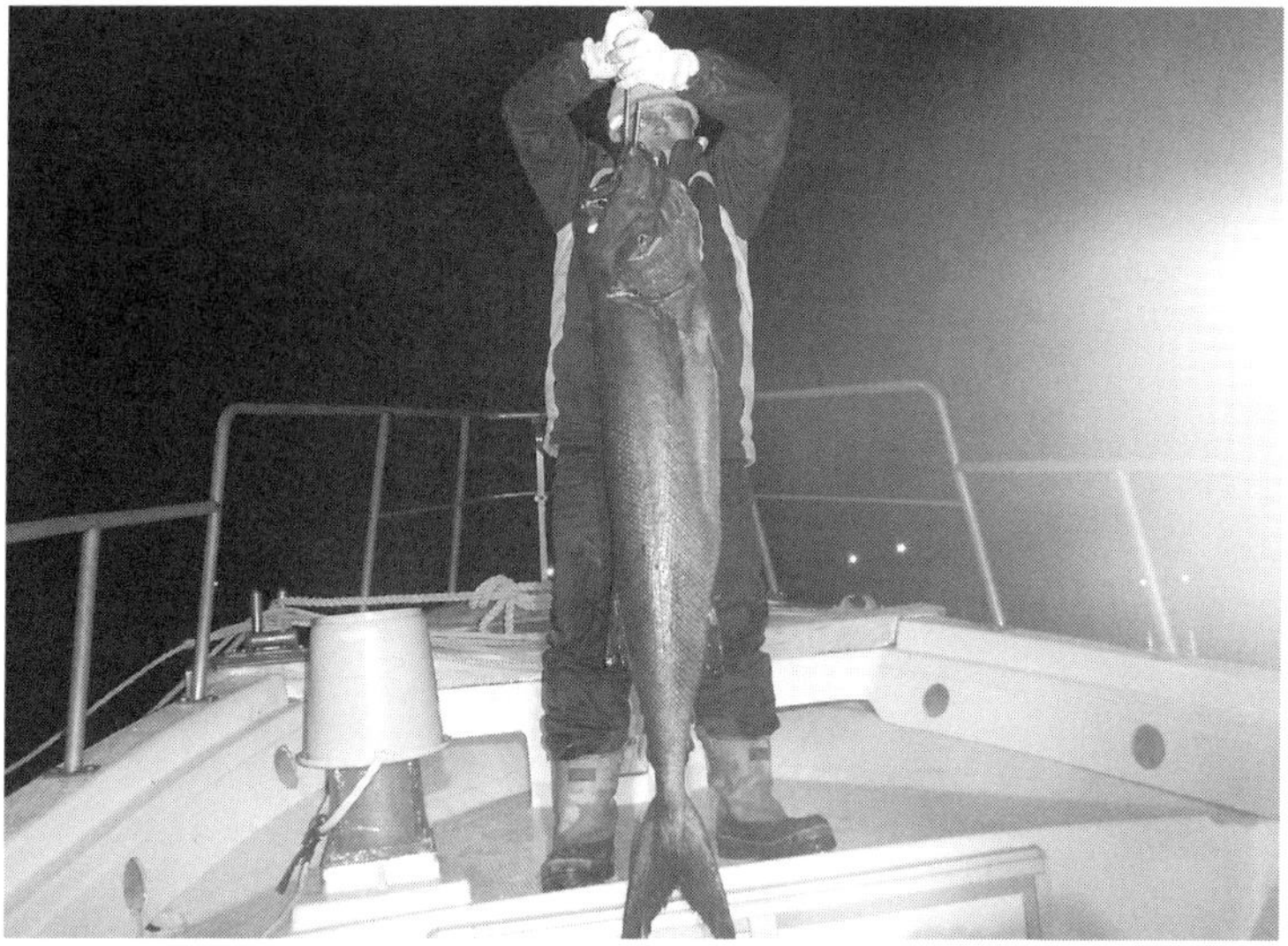

身の丈ほどもあるじゃないか…!

　冷や汗をかきながら、祈る気持ちで水面での格闘を見守ること数分、船長が水面へギャフを振り下ろす様子がスローモーションで僕の瞳に映った。船上へ引きずり上げられたバラムツは全長一四〇センチメートル以上、体重は二〇キログラムを軽く超えているだろう。こんなに大きな魚が港から十数分の近海で釣れてしまうのか……。

「大物ですね！」とはしゃいでいると船長が「うーん、長さはアベレージサイズかな。でも痩せてるし……」と不満そうに一言。これでアベレージって……。一体どんな大物がいるんだよ、駿河湾！

　これほど大きくなると、前回捕らえた幼魚とはもはや別物である。まさに化け物。大きく裂けた口には鋭い歯が並び、鈴を張ったように円い眼はタペータムによって金色に輝いている。これらはこの魚が獰猛な暗闇の捕食者であることを物語

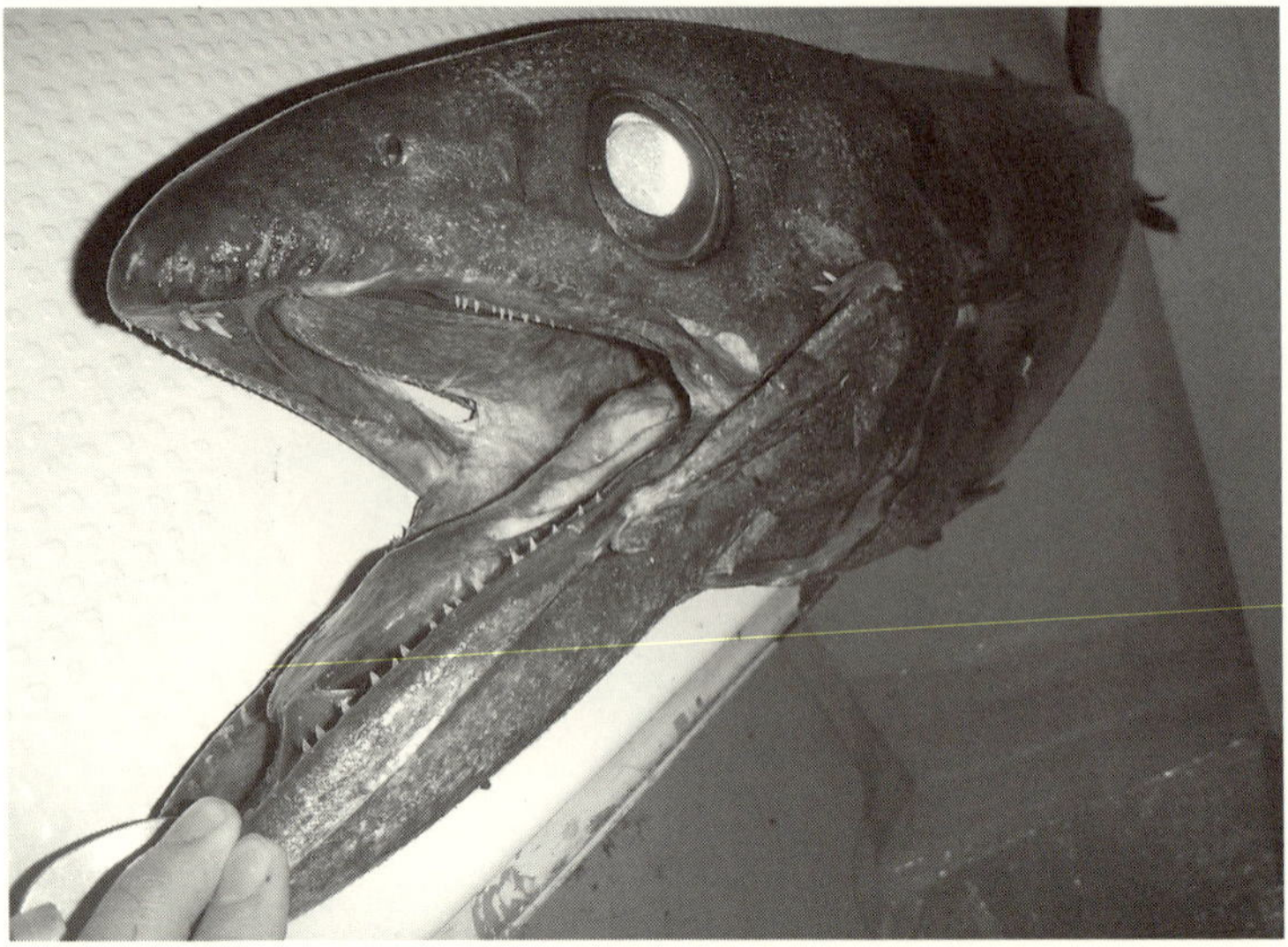

この顔!　この眼!　この口!　この歯!

る。陸上生物で言うとフクロウやネコ科動物のような存在だろうか。息絶えたところを見計らって抱きかかえると、服が鱗で引っ掻かれてボロボロになる。鱗が硬く、しかもその端がギザギザと尖っているのだ。バラムツという名はこの刺々しい鱗を薔薇の棘に見立ててあてがわれたものだと聞く。確かに、間近で見て触ってみると納得のネーミングである。不気味だけど、やっぱりかっこいい。見た目も含め、バラムツはとても良い魚だとすっかり惚れ込んでしまった。

さて、大捕り物を演じて一息ついている釣り師に感謝の言葉とともに、バラムツの身を分けていただきたい旨を伝える。

「こんなデカいバラムツ、うちだけじゃ食べきれないしね！」

即座に快諾してくれた。それもそうか。ではありがたく頂戴しよう。

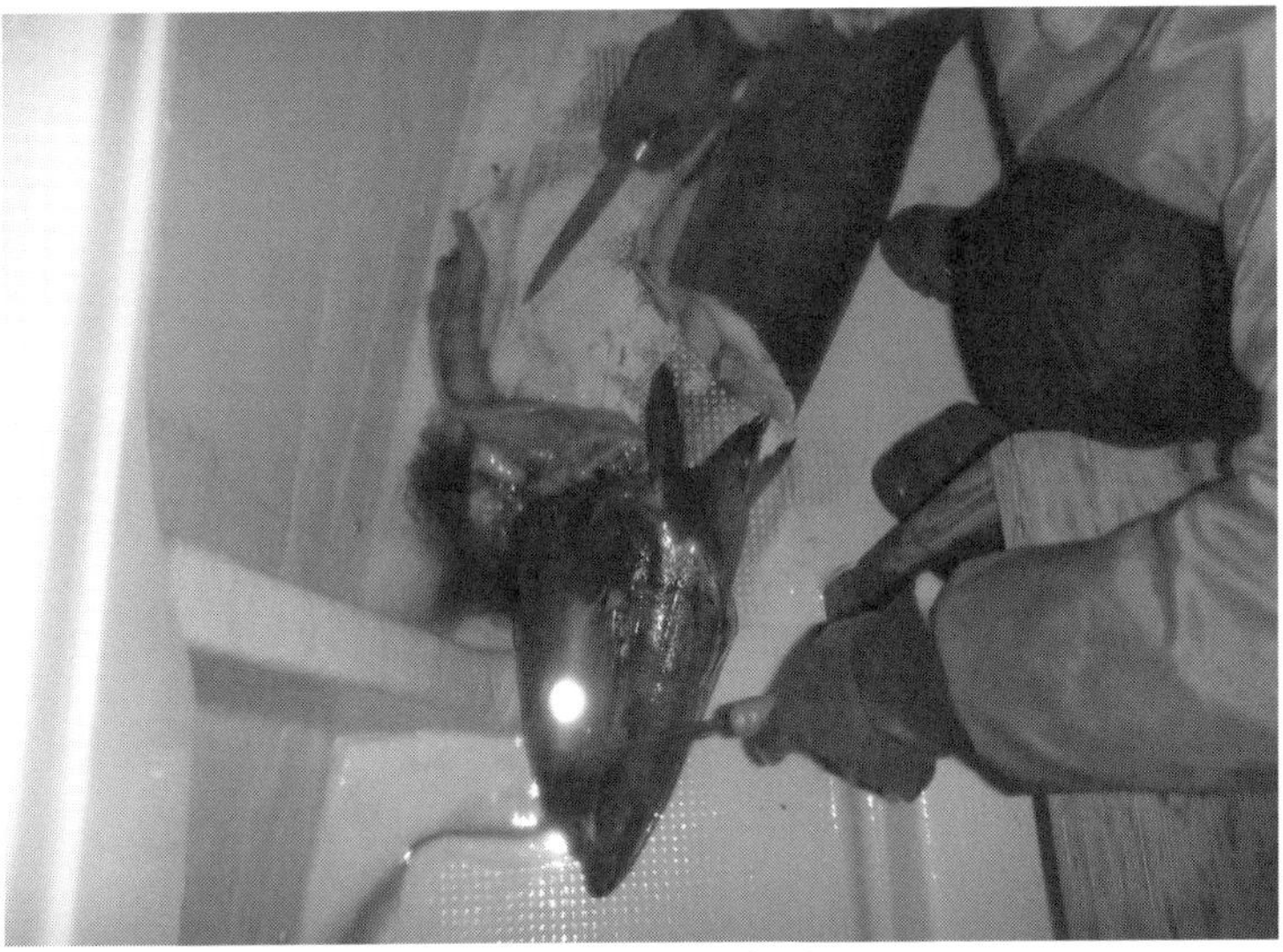
帰港後、船上で解体してもらう。血といっしょに脂が流れ出す。

帰港後、解体して切り分けるにあたって、船長が持ってきたのはごくごく普通の万能包丁だった。鮪包丁とか牛刀を使うものだと思っていたから、すっかり拍子抜けしてしまう。そんなんでこの巨大魚の背骨を断てるのか？　だが意外にも船長はサクサクと解体を進めていく。別段力を込めたり、特殊な技法を使ったりしている様子もない。後に自分で調理をする際にわかったのだが、この魚、大型魚にしては異様なほど骨がもろいのだ。

解体中、バラムツの脂が血液とともに甲板へ流れ出す。

「バラさばいた周りはデッキブラシでよーく流しといてよ！　滑って危ないから！」

船長から指示が飛ぶ。試しに脂が流れていた場所を踏んでみると、なるほど驚くほどよく滑る。航行中に踏んづけたら転倒必至だ。これは危ない。まあ、この脂の本当の恐ろしさは後になって思い

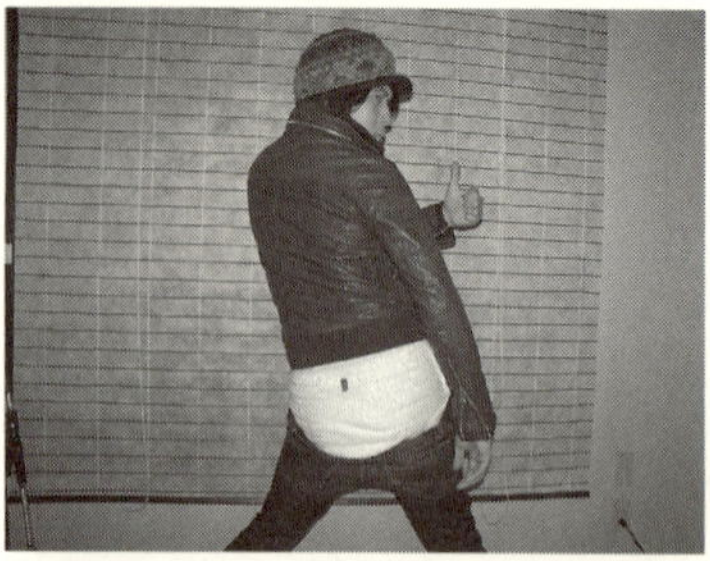

25年後。父上、母上。あなたの息子はこんな大人に育ってしまいました。

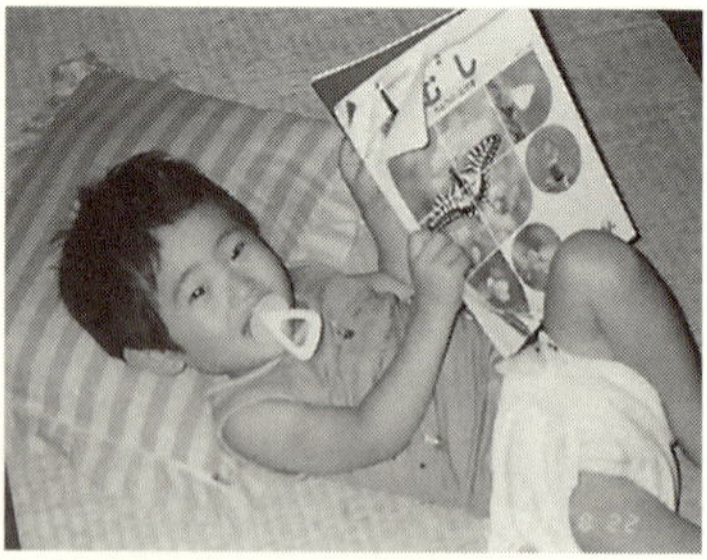

1歳の頃の筆者。生き物好きはこの頃から。

知ることになるのだが……。

尻から油が……!

結局、ありがたいことにさばいた身の大半は僕が譲り受けてしまった。ここでもやはり「くれぐれも食べすぎないように」との忠告を受ける。だが今回は、そのありがたいお言葉をあえて無視することにする。

ここまでもったいぶってきたが、実を言うとバラムツの脂は人間には消化できない組成のものなのだ。そのため、あまりにたくさん食べるとお腹を壊したりする危険がある。しかし、恐ろしいのはそれだけでない。腹痛などの異常が出るほど大量には食べなかったとしても、「消化できなかった油脂がお尻から流れ出す」という、体の健康ではなく食べた人間の尊厳そのものをぶっ壊す現象が起きるのだ。だがそれでも、そんな危険があるにもかかわらず、釣り人の中には紙おむつを履いてまでこの魚を食べる者たちがいるという。その気持ちは確かにわかる。わかってしまう。それほど、この魚は美味しいのだ。だから、この日の僕は二十五年ぶりに紙おむつに脚を通した。

禁断のバラムツづくし。手前味噌ながら、なかなか旨そうな仕上がりだが……。

おむつといえば先日、両親から「懐かしい写真が出てきたよ」と、一枚の写真を渡された。僕がまだ一歳の頃の写真だ。虫の本など読んでいる。残念なことに、この頃から精神面の成長は見られないようだ。

おむつを履いて、バラムツづくし

かくして、僕は齢二十六にして紙おむつ姿をインターネットを通じて世界中に公開することとなった。両親と、それから昔の自分に詫びたくなってきた。

もうこの時点で人としてのたいがいの尊厳は失ったとみてもいいのだが、今回はさらなる低みを目指す。腹は決まった。自己責任でガンガン食うぜ!

バラムツの魚肉は充分にある。せっかくだから刺身以外にも焼き物や煮物などいろいろなメ

煮るとトゲトゲの鱗が逆立った。この鱗を薔薇の棘に見立てたのが「バラムツ」の名の由来。

ニューを作ってみたい。禁断の「バラムツづくし」だ。

まず先ほども試食した刺身だが、何度食べても旨い。ただ、脂が乗りすぎているためびっくりするほどワサビが効きにくい。ワサビを大量に消費しつつ、ペロリと一〇切れほどを完食。もうセーブはしない。

さらに、バラムツの刺身を細かく切ってアボカドとワサビ醤油であえる。これを白米に乗せるとバラムツアボカド丼となる。アボカドは脂の乗ったサケ・マスやマグロのトロに合わせると旨いので、もしやと考えたのだが、やはりバラムツとの相性も良かった。アボカドとバラムツの脂肪が調和して、ちょっとジャンキーながらも濃厚な味わいを紡いでいる。……ただし、当然ながら胃はかなりもたれる。このメニューにも刺身に換算して一〇切れ分くらいの身を使用。もう引き返せない。

続いて、最初の挑戦で釣り上げた小さなバラムツを焼き魚にしてみた。身はとても軟らかく、ふわふわした食感である。だが水っぽいというわけではなく、味は濃い。ほとんど塩を振らなくても美味しく食べられるほどだった。ただ、焼いた後のグリルに大量の脂が溜まっていたのにはやや食欲を削がれたが。

最後もこれまた定番メニューの煮つけ。焼き魚もとてもやわらかく仕上がっていたし、こんなに脂の多い魚は煮たら崩れてしまうのではと不安に思っていた。しかし、いざ出来上がってみれば意外にも身はしっかりと締まっている。ハマチの煮つけや照り焼きに通じる食感だ。噛みしめると肉から脂がにじみ出てくる。文句なしに旨い。なお、やはり煮汁には大量の脂が浮いた。

持続時間は約三〇時間

生の状態で二〇切れ、それに加えて焼き魚と煮つけをそれなりにたくさん、一度に完食してしまった。許容範囲と聞いていた五切れは大幅に超えているが、果たしてどうなるのだろうか。本当に油が尻から溢れるのか。ひょっとすると最悪、病院へ駆け込む羽目になるのでは。どちらにしても肉体的もしくは精神的な苦痛を味わうことになるが、身を以て真実を確認できる喜びのほうが上回ってしまう。おむつのサイドギャザーを整えつつ、その時を待つ。

……食後二時間が経ったが、体調にもおむつにも異変は現れない。さほど即効性があるものではないようだ。そこから翌朝までさらに五時間ほど睡眠をとったが、未だ異常は見られない。なんだ。全然平気じゃないか。噂の割に大したことないな！　ひょっとして、僕はバラムツの脂質に耐性を持つ特異な体質だったのだろうか——そう思い始めた矢先である。部屋の掃除をしていると不意に尻に違和感を覚えた。すでに肛門から一歩踏み出した外側、決して濡れてはならないはずの不可侵領域がいつの間にかウェッティになっている感覚があったのだ。まさか、とズボンを下ろしておむつの内部を検分する。

……出てる……。油が……。

オレンジ色がかった油がおむつに滲んでいる。おそらく、この色は僕の胆汁に由来するものだろう。また、工業用オイルのような臭いが鼻を突く。もっと生臭いものを想像していたので、これは意外だった。食後、九時間以上が経った頃の出来事である。それにしても、紙おむつ履いてて本当によかった！こんなにも予兆がないものだとは！「便意を覚えたらその都度トイレに駆け込めばいいだろう」くらいに思って構えていたのだが、便意などはなかった。無意識のうちに、いつのまにかお尻が濡れていたのだ。この日は休日だったからよかったものの、自宅以外でこの惨劇を迎えていたらと想像すると恐ろしい……。尊厳と同時に、なけなしの社会的地位まで失っていただろう。もう怖くて怖くて、この日はずっと家に引きこもっていた。

なお、当然ながらこの油はトイレで排便する際にも漏れ出す。また、おならは絶対に厳禁である。バラムツ食後の対応として最も気をつけるべき点はこれだろう。「あっ、おならが出そう」と思ったら、ぐっと堪えてトイレへ駆け込み、便座に腰かけなければならない。軽い気持ちで放屁に臨むと、ガス

アブラソコムツ。スマートな体つきは青物っぽいが、やけに黒ずんだ体色と輝く瞳はやはり暗闇の住人のそれ。

ではなく多量のリキッドが放出されるためである。経験者が語るのだから間違いないぞ。

ちなみに、無意識のうちに漏れ出すような重症は食後二〇時間ほどで脱するようだが、完全に油が体内から抜け切るまでにはおよそ三〇時間を要した。もちろん、僕のように大量に摂取しなかった場合はこの時間もいくらか短縮されるのだろうが……。

もう一種の「尻から油」

バラムツはやはり旨かった。そして、見事に僕の尻をヌルヌルにしてくれた。なんともユニーク。こんな魚、他にはいない……わけではない。実は駿河湾にはもう一種、尻から油を流れさせてくれる魚が生息しているのだ。

その名はアブラソコムツ。バラムツと同じクロタチカマス科に属し、駿河湾ではサットウと呼ばれる。ちなみに南西諸島ではバラムツと一括りにインガンダルマあるいはインガンダルミ、インガンダラメと呼ばれているが、これは南大東地方の言葉で、食べると犬がダレてしまう、犬が下痢をしてしまう、もしくは胃がたるみ下痢をする魚、の意とされる。やはり、刺身で三切れあるいは五切れが限度と警告されている禁断の魚だ。

一般的に、和名に用いられる「ソコ」とは深海底を指し、深場に生息する魚にあてがわれることが多い（例・ソコダラ、ソコボウズなど）。また、「ムツ」とは脂っこい魚を表す名である。「アブラ」は当然その身に蓄えた豊かな脂質を指していると考えられるため、つまるところこの魚の名は「脂っこくて深海底にいる脂っこい魚」を意味していることになる。名前の中で二回も脂っこさを強調されているわけだ。これはかなりのオイリーさが期待できる。

バラムツを取材した数カ月後の夏。二度目の乗船でお世話になった船長さんからアブラソコムツが釣れているという連絡が入った。この魚は回遊性が強く、冬場に駿河湾内で釣獲されることはほとんどない。しかし、夏から秋にかけてのみバラムツと生息水域が重複するため、同様の方法で釣り上げることが可能なのだという。温暖な季節に限って近海へ寄りつくなんて、深海魚のくせになんだかマグロみたいな生態だなあ。

この機会を逃す手はない。バラムツやアブラソコムツを食べてみたいという友人らと連れ立って船を出すことになった。水深二百メートルラインに仕掛けを下ろすと、竿の先がガツガツと跳ねる。アレッと思った瞬間、手元に重みがのしかかる。早々に何かが掛かったのだ。バラムツ狙いの時と比べると、ずいぶん展開が速い。魚はそのままキュンキュンと鋭敏に海中を走る。ブリやマグロといった回遊魚、いわゆる青物を思わせる泳ぎである。僕のやりとりを見ていた船長が「走っとるからバラじゃなくてサットウだと思うよー」と一言。傍目でそこまでわかるのか。プロってすごいな。

数分後、海面に魚の影が映った。バラムツ同様、アブラソコムツも鰾を持たないため、まだまだ気は抜けない。だが、いずれにせよもうまもなく顔は拝めそうだ。そう思った矢先、その魚は最後の力を振り絞るように一〇メートルほど釣り糸を引き出して再び潜水した。船長曰く、バラムツやアブラソコムツは海面へ引き上げた際に船の灯りが眼に入ると、錯乱して火事場の馬鹿力を発揮することがしばしばあるのだという。なるほど。真っ暗な水中にいたのに、突然高輝度ＬＥＤの下に晒されれば驚くのも無理はない。しかも、彼らの眼は深海でわずかな光も逃さずピックアップできる反射板入り。人類には想像もできない眩しさを覚えていることだろう。引き上げては潜られ、潜られては引き上げ。そんな攻防を何度か繰り返すうち、初めて目にする魚体が水面を割った。バラムツよりも太い、弾丸のような体躯。間違いなくアブラソコムツだ。

流線型のシルエット。そして細かく分断された背鰭と臀鰭。生態や泳ぎ方だけでなく、見た目までマグロによく似ている。ただ体色が黒ずみ、眼はバラムツと同じくタペータムの反射によって妖しく輝いている。この辺りはマグロが決して備えていない不気味さ。さしずめ、マグロのゾンビといった印象である。

ところでこの個体を含め、アブラソコムツの体表にはダルマザメに齧られたものと思しき傷跡がし

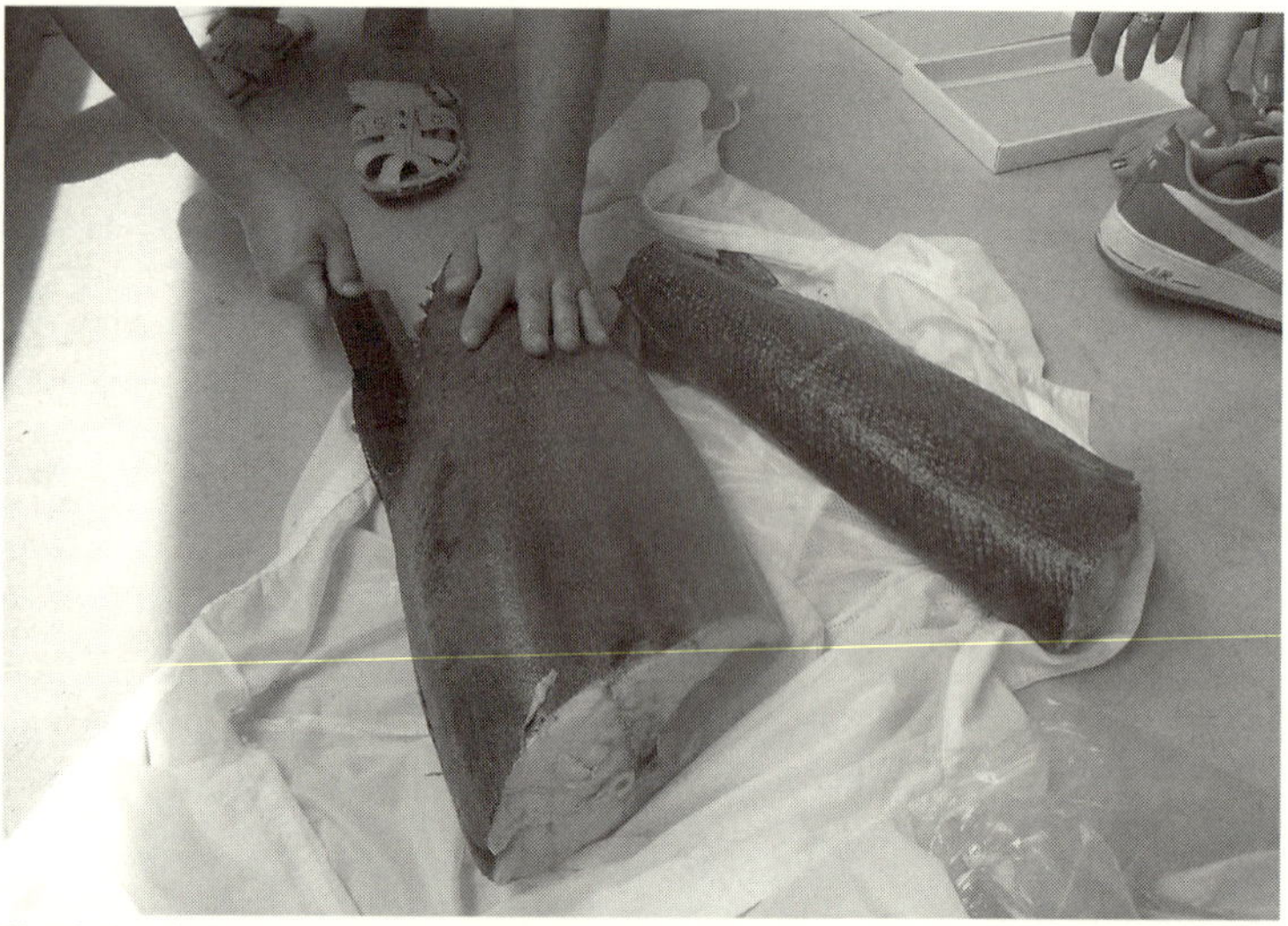

静岡在住の友人宅に持ち込まれ、解体されるアブラソコムツ（左）とバラムツ（右）。理解ある友人は何物にも代えがたい。

ばしばついている。アブラソコムツは泳ぎの速い魚であるため追いかけるダルマザメも大変だろうが、おそらく休息中に隙を突いてヒット＆アウェイしているのだろう（このサメはマグロ類や大型のシイラなども襲うことがある。これほど隠密行動に長けた魚も他にはいまい）。こうした傷は、より遊泳力が弱く、襲いやすいはずのバラムツにはあまり見られない。このことから、おそらくバラムツの刺々しい鱗は、ダルマザメという小型捕食者に対する防御策としては、ある程度の効果があるものと考えられる。ただし自分よりはるかに大きなサメには無力なようで、釣り船ではやりとりの最中にアオザメなどに襲われて真っ二つにされるシーンに遭遇することもままあるとか。

釣り上げたアブラソコムツを友人宅に持ち込み、包丁を入れる。見覚えのあるトロッと白く濁った身が露わになる。見た目には、バラムツとの違

ジューシーならぬオイリー、なアブラソコムツとバラムツのフライとから揚げ。

いは特にないように思える。だが、刺身で食べると僅かながらも味に差があることがわかる。この日、同時に釣れたバラムツよりも若干ではあるが、より脂の甘ったるい臭いが強い気がしたのだ。友人もバラムツのほうが魚の旨味をやや強く感じられると評していた。どちらもよく似通った味でともに旨いのだが、強いて優劣をつけるとするならバラムツに僅差で軍配が上がる。といったところだろうか。

ところで、冬に「バラムツづくし」を食べた後、あのメニューには大きな欠点があったことに気づき、大いに後悔した。刺身あり、丼あり、焼き物も煮物もあり。ベーシックな料理はほぼ網羅した。……なのになぜ揚げ物を作らなかったのか。あの脂ぎった身を、さらに油で揚げたらどうなるのか。気になる。ぜひ試してみなければなるまい。

バラムツとアブラソコムツもフライとから揚げ

に仕立てる。脂の塊を油で揚げているようなものなので妙な背徳感を覚えてしまう。衣に包まれているので仕上がりから違和感は見てとれない。好奇心に押され、まだ粗熱もとれないうちにかぶりつく。おお、噛み切った身の中からジュワッと肉汁が溢れる。ジューシー！

……と一瞬思ったが、違うぞ。これは違う。この溢れる液体は肉汁じゃなくて油脂だ。こういうのはジューシーじゃなくてオイリーと言うんだ。肉に含まれる大量の脂が熱で溶け出し、衣にパックされていたのだ。口の周りが、口の中が、食道までもが瞬く間にヌルヌルになっていく。味は悪くないのだが、いくら何でもしつこすぎる。これを美味しく食べられるのはせいぜい最初の二、三口までだな。

ちなみに揚げたり焼いたりといった加熱調理を施すと、バラムツとアブラソコムツ両種間における味の差異はほぼなくなるようで、ろくに判別がつかなくなってしまった。

刺身と揚げ物の味を見た後、よく焼いて脂をできるだけ落としたソテーを作ってみた。油を敷いていないフライパンで切り身を焼くと、身からジャバジャバと脂が浸み出してくる。キッチンペーパーを大量に使って油を吸い取るがとても追いつかず、結局ソテーというより揚げ焼きのようになってしまった。味は、異常なほど脂の乗ったツナソテーといった感じである。あれだけ脂が抜けてこれなのか……。だが、確かに多少はさっぱりして食べやすくなったかもしれない。まあ、悪くはない。これならちょっとくらい多めに食べても、我が尻の平穏は脅かされないのではないか。高をくくって数切れぺろりと平らげた。

……これがアブラソコムツを釣り上げた翌朝の話である。そしてその夜、僕は外来のハリネズミを撮影するために一人、伊豆高原へとやってきていた。駅からの移動は徒歩である。アブラソコムツを食べてから一二時間ほどが経過しているが、そんなことも忘れて林道の傍にしゃがみ込んだその時。ぶみっ、と。にゅるっ、と。臀部に懐かしい違和感が。またしても最終防壁を突破されていたのだ。今回は油断しきっていたため、オムツというファイアウォールも装備していない。この有様では取材どころではない。二度も禁を犯すとは、人間失格もいいところ。しかも今回はホームではなく完全なるアウェイでの失点。このまま野山へ分け入って、余生をハリネズミたちとともに暮らすべきかとも考えたが、そうもいくまい。がに股気味にぎこちなく山を下り、三〇分以上かけてコンビニへ替えのパンツを買い求めに歩く羽目になってしまった。

絶対に、僕の真似をしないように!

バラムツ、アブラソコムツともに、旨い魚だ。これは断言する。しかし両種とも、その身に含まれる人間が消化できない油脂分（ワックスエステル、つまり蝋）ゆえに食品衛生法に違反する魚種として厚生労働省が指定し、販売禁止となっている魚である。この油脂は腸でも吸収されないため、口から肛門までノンストップで流れ落ちる。それゆえ、お尻が物理的オイルショックに見舞われることとなるのだ。それだけではない。食べる量や体質、体調によっては、下痢や腹痛、ひいては皮脂漏症など、さらに重大な健康被害を引き起こすことさえある。

もし、どうしてもこの禁断の味を体験したい方には、アブラボウズ（ギンダラ科）をお勧めする。

こちらは正規に流通しており、小田原では「オシッケ」の名で親しまれている。そしてバラムツやアブラソコムツと同系統の味でありながら、もっと旨い魚だから。

後日談

バラムツの記事を書いて二年半後のある日。唐突に新聞社やテレビ局から取材依頼が殺到した。なんでも、ある専門学校で講師が生徒にバラムツの肉を振舞ったことがちょっとした騒ぎになったらしい。当時、バラムツについてネットで検索するとやたら僕の記事がヒットしたらしく、その件で聞き取りの対象として白羽の矢が立ってしまったのだ。

実を言うと、僕は大学院時代にバラムツやアブラソコムツ関係の研究を行い、学位を取った経歴がある。よってバラムツに関しては「識者」と言ってもあながち間違いではないかもしれないので、堂々と引き受けることにした。

そんな折、ある知人から某全国紙のウェブ版記事のリンクがメールで届いた。そこには「ネット上では遊び半分でバラムツを釣って食べるレポートが存在し――」とある。ほう、軽率な連中がいたものだな。けしからん。が、知人は「これ、平坂さんのことじゃない？」と言うのだ。そんなわけあるか！　僕は知的好奇心に基づき、こうした興味深い特性を持つ魚が存在することを広く知らしめようと、読者への注意を促しながら慎重に記事を書いたのだ。それを遊び半分呼ばわりされてたまるか。

もし、あの記事を遊び半分と捉えるなら、それはまたずいぶんと読解力とセンスに欠ける記者である。憤りながら自身の記事を読み返した。……紙おむつを履いてポーズを決めた自身の写真が目に飛び込んでくる。

……まあ、うん。記事の捉え方は人それぞれだよね。ただ、僕は軽い気持ちでこの魚を扱ったわけでは決してない。それだけはここでもう一度、ハッキリと述べておきたい。

写っていない下半身は大変なことに……。

COLUMN

深海魚の肉はなぜ脂っこい・水っぽい?

たくさんの深海魚を食べていると、あることに気づく。身質が極端に脂っこかったり、水っぽかったりするものが多いのだ。

これは多くの深海魚が脂肪分や水分を身に溜め込むことで浮力を獲得しているためである。一般的な魚は鰾に空気を溜めることで浮力を得て遊泳しているものだが、高水圧下にある深海ではガス交換が難しく、鰾を備えにくい。そこで、空気ではなく海水と比重が同等、もしくはより小さな水や脂質を筋肉中に溜める戦略をとっているのだ。

ただし、すべての深海魚がこういう特殊な身質であるわけではなく、中にはサメ類やトウジンのように普通の肉を持ったものもいる。それらはスタンダードな鰾や、肝油を大量に含む肝臓といった浮力調整用器官をきちんと備えている魚たちなのだ。

なお、鰾を持つ魚を釣って、急速に水面へ引き上げると鰾内の空気が水圧の変化で膨張してしまい死に至る(四六ページの写真を参照)。こうなると蘇生は、ほぼ不可能。その点、バラムツは鰾を持たないためこのような症状とは無縁である。だからこそ、キャッチアンドリリースを基本とするスポーツフィッシングのターゲットとなり得たのだ。

マグロ味の
マンボウ？
アカマンボウ

マンボウじゃないけどアカマンボウ

回転寿司のネタには味や身の質は似ているが、ずっと安価な別の魚が使用されている……という噂を聞いたことはないだろうか。たとえばタイはティラピア、ヒラメのエンガワはオヒョウやカラスガレイのもの……といった具合である。いわゆる代用魚というやつか。そして、マグロにもそんな「影武者」がいると噂されている。それがアカマンボウ。

今どきの回転寿司店で本当にそんなせこいことが行われているとは考えにくいが、そういう噂を立てられるということは表題のアカマンボウの身は相当マグロに似た味と見た目なのだろう。マグロ味の深海魚。そう聞くと興味を抱かずにはいられない。

で、そのアカマンボウというのがどんな魚か

石垣島の漁港にて撮影。水揚げされたばかりの個体。

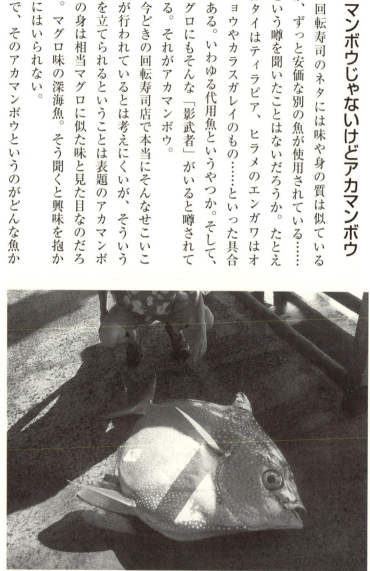

というと、体は赤と銀色が基調で、白い斑点がちりばめられている。円盤状のシルエットがマンボウに似ていなくもない。しかし実は、フグの仲間であるマンボウとは縁の遠い魚で、むしろリュウグウノツカイに近縁な深海魚である。円盤のようなアカマンボウと帯のようなリュウグウノツカイでは似ても似つかないが、これも魚類が誇る多様性の面白さである。

アカマンボウは魚類で唯一、恒温動物的な体温調節を行うことが知られているが、この事実が明らかにされたのも二〇一五年と、ごく最近のことである。このことが示す通り、深場に暮らすアカマンボウの生態を把握することは非常に難しく、その生態は大部分がまだまだ謎に包まれているのだ。だがその一方で、南西諸島では市場に出回ることはさほど珍しくなかったりもする。深場に仕掛けられたマグロの延縄《はえなわ》でしばしば混獲されるのだ。生態が謎だろうと深海魚だろうと捕れれば食うし、売れれば売る。それが人間である。

アカマンボウ求めて沖縄へ！

というわけで、やってきたのは沖縄県那覇市の魚市場「泊《とまり》いゆまち」。ここならアカマンボウが手に入るかもしれない。市場内をくまなく見回りアカマンボウを探していると、とある店の冷蔵棚でさっそく発見！　が、すでに切り身になっている。しかも加熱用っぽい。せっかくだから自分で解体したいので丸ごと一尾買いたいという旨をお店の方に伝えるも、アカマンボウはモノが大きすぎて取り置きできないという返事をいただいた。うむ、どうしたものか。

こうなればそんな無理な注文も聞いてくれそうなお店を探すしかない。と言いつつ、実はすでに目星をつけているお店はあった。その筋では有名な名物店主のいる鮮魚店があるのだ。そのお店は頻繁に巨大なウツボやヤガラを仕入れて丸ごと陳列したりと、場内でも一線を画した存在感を放っている。ここならアカマンボウでも何とかしてくれるかもしれない。前々から気になっていたこともあり、話を持ち掛けてみることにした。

「すいません、アカマンボウ丸ごと欲しいんですけど……」と声をかけると即座に「いいよ！　セリに出たら落としとくから！」と威勢のいい返事が。おお、そんなカジュアルなノリで。

アカマンボウはマグロのように毎日揚がる魚ではないようだが、僕の沖縄滞在中には工面できるだろうとのこと。物好きだね～と笑われつつ、こちらの連絡先と予算を伝える。後は待つのみだ。

買えた！　が、デカい！

注文から二日後、鮮魚店から電話が入った。

「アカマンボウ入りましたよー」

切り身しかない……。品名が「マンボー」で、身の色が２種類ある点に注目。

沖縄の魚市場には珍しい魚が多くて楽しい。色とりどりの魚が並ぶ。

「えっ、あの人あれ買うの!?」みたいな目で他のお客さんたちに見られる見られる。

えっ、もう。

「三九キロありますけど大丈夫ですか？」

えっ、デカい。

三九キロかぁ……。それは一人だといろんな意味で手に余る。そういうわけで沖縄在住の友人夫婦に協力を要請し、翌朝三人がかりで引き取ることにした。値段は一万五千円。まだどんな味かもどれだけ身が取れるかもわからないが、この大きさでこの値段ならけっこう安いのではないかと思える。店主がいくらか気を利かせてくれたのかもしれない。

なお、過去にこの魚を丸ごと買っていったお客さんはいるのかという問いには「年一本くらいのペースで物好きな方が買っていかれますよ。」という返答が。意外と多いな、物好きな方。

ちなみに沖縄ではアカマンボウは単に「マンボー」と呼ばれることもある。しかし、マンボ

今からこの子を解体します。まな板にはテーブルを使います。

ウは沖縄ではあまり水揚げされない。他に沖縄におけるアカマンボウの別称には「マンダイ」というのがあるが、シマガツオやヒレジロマンザイウオも同じ名前で販売されることがあるので、混同しないよう注意が必要である。

本物のマンボウは白身でとても水っぽく、ナタデココを思わせるようなクニュクニュした妙な食感である。味も非常に薄く、刺身で食べる際にはある程度脂の乗っている肝と合わせでもしないと、あまりに素っ気ないものなのだ。アカマンボウはそうでないといいのだが……。

変な魚だ、アカマンボウ！

購入したアカマンボウは友人宅へ持ち帰り、さばいていくことにした。

ところで、三九キロの魚を一からさばくと聞いても、普通の人はなかなかピンと来ないだろう。それがどんなに大変な作業かは、右ページの写真からでもおわかりいただけると思う。やっぱりデカい。ご家庭でさばくもんじゃないというのは明白だ。数百グラムしかないタイやメバルでもけっこう面倒なのに。

でも、初めての魚をさばくのは楽しい。それが変な形の深海魚で、しかも大きいと来ればなおさらだ。魚体をじっくり観察しながら作業にあたろう。

見れば見るほどユニークな魚だ。そして、実はマンボウにも、体型が円盤状であるという点以外は特に似ているわけではない。というか他に似ている魚があまり思いつかない。オンリーワンな存在感。それもそのはず、アカマンボウの属すアカマンボウ科に含まれる魚類は一属二種

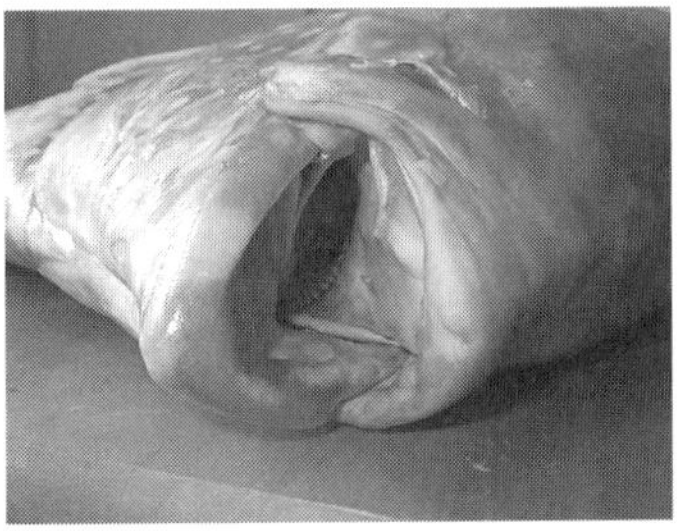
意外にも歯はない。

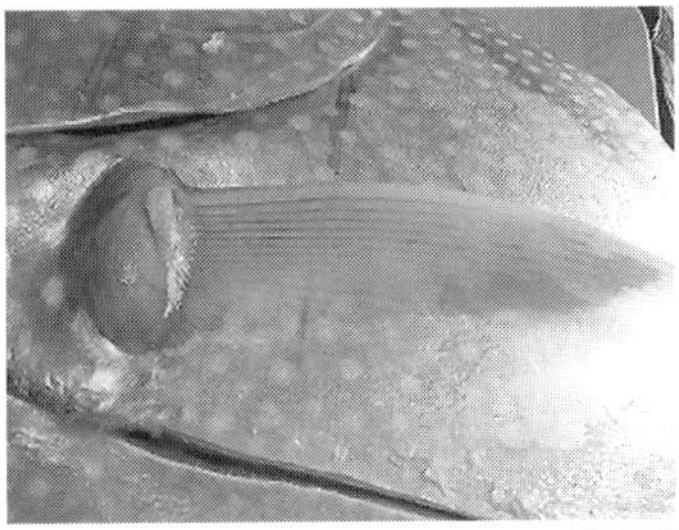
胸鰭は長く発達していて、いかにも泳ぎが達者そうだ。

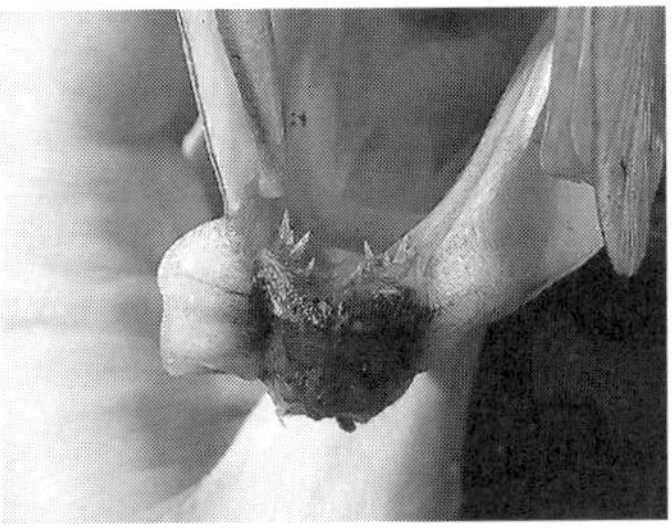
同じくアカマンボウ目に属し、イカや小魚を食べるサケガシラには小さいながらも歯があった。

腹鰭。水揚げから時間が経って黄色く色褪せてしまっているが、それでも金魚のようで綺麗。

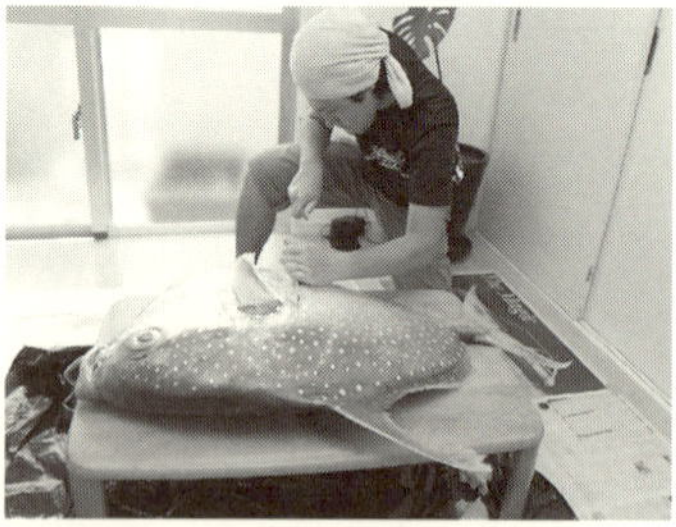

①腹鰭の付け根から胸鰭の後方を通って後頭部へと切れ込みを入れる。

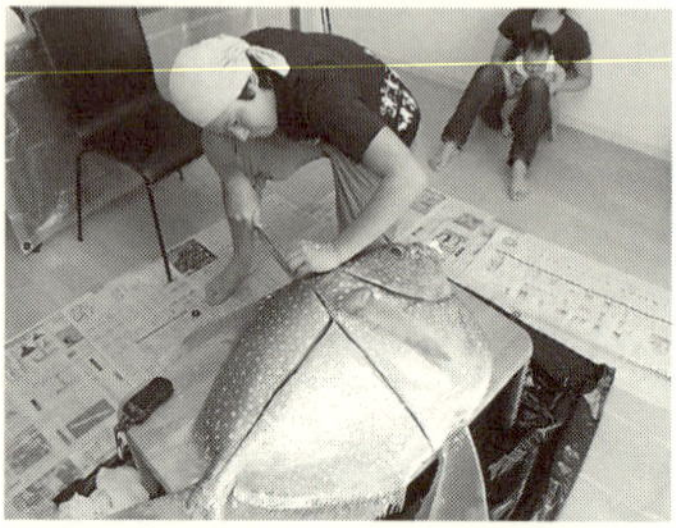

②さらに大きなＴ字を描くように中骨に沿って胴から尾へ切れ目を入れる。

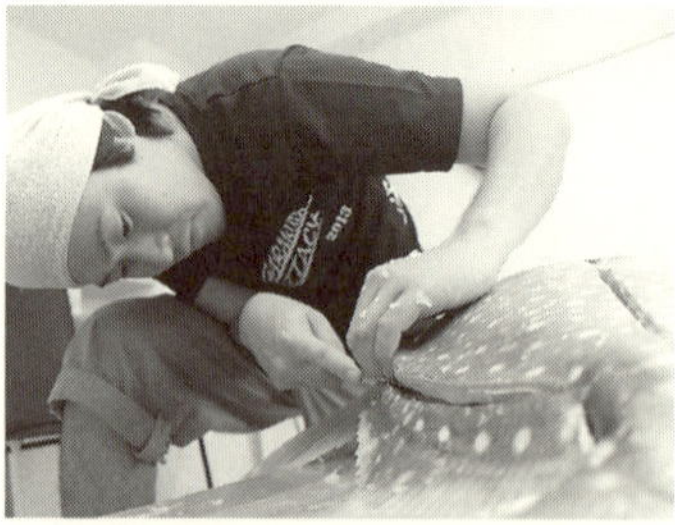

③しっかり縁をとって少しずつ丁寧に身を外す。

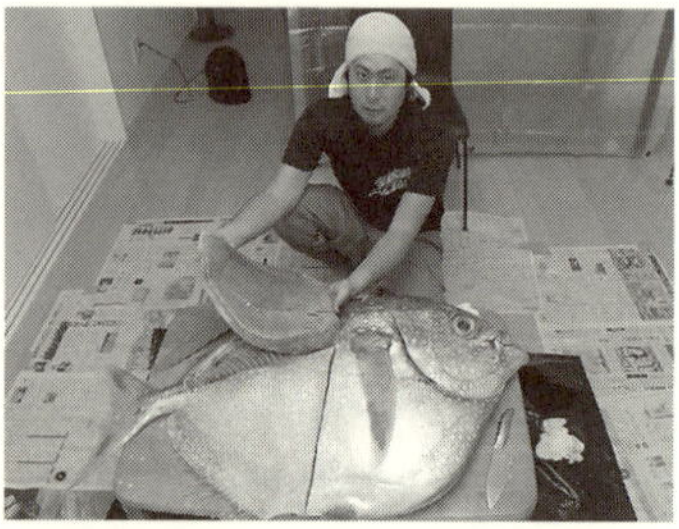

④背の身だけでこんな量が取れる。

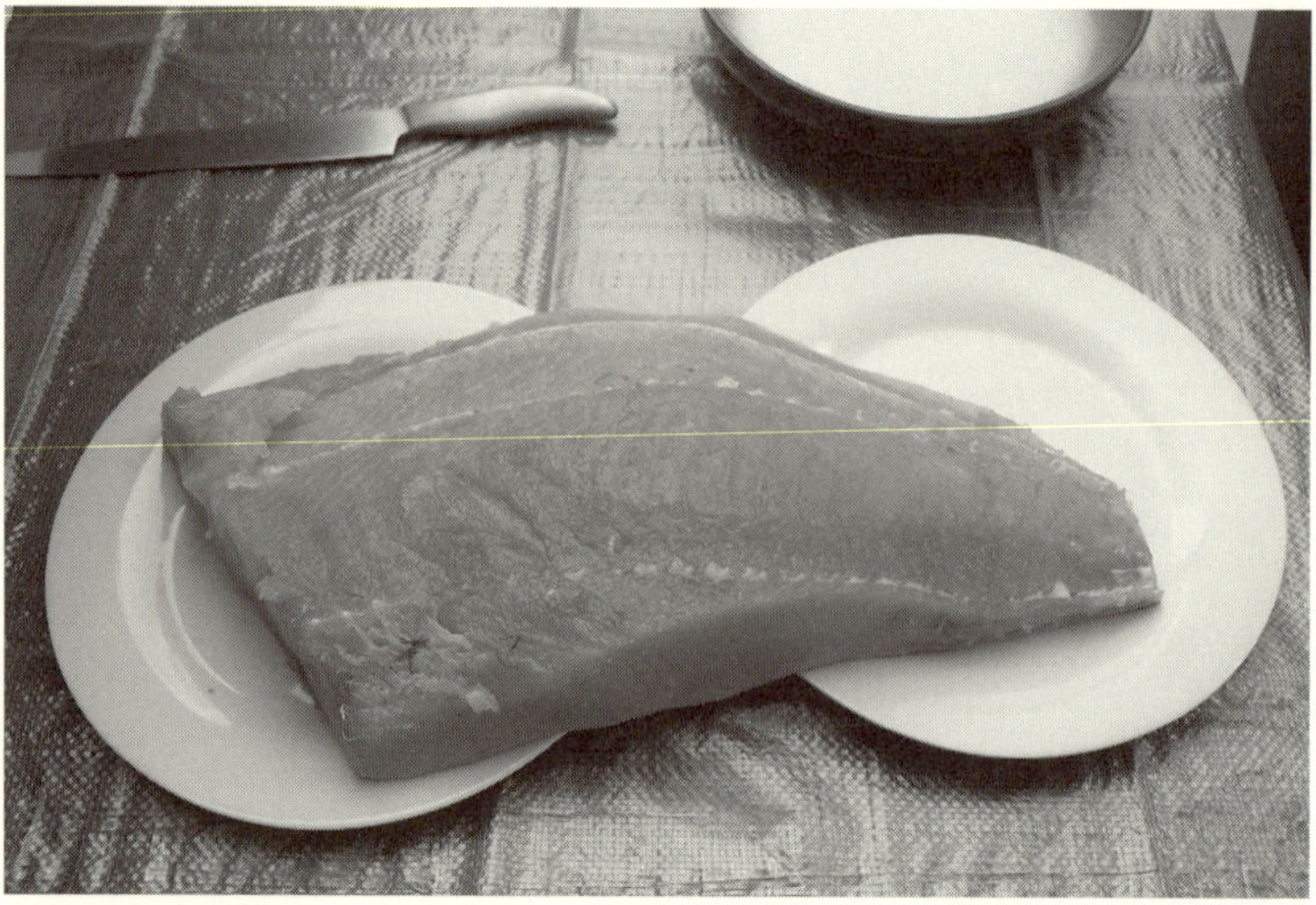

アカマンボウの背肉。

しかいないのだ。多くの魚が分類されるアカマンボウ目においても、とりわけ特異な存在なのである。

個人的に驚いたのは歯がないこと。マグロ延縄に使う魚の切り身やイカを食べるというから、もっと肉食魚らしく鋭い歯を備えていると思っていたのだけど。ちなみに、胃を切り開くとクラゲのような寒天質の物体が出てきた。

一見ツルっとしているようだが、体表には細かい鱗がびっしり並んでいる。本体へのジョイントは甘いので簡単に剥がせるが、下手に屋内で剥がしてしまうとあちこちに鱗が飛び散ってしまい、掃除の際に泣きを見ることになる。実際、僕も部屋を貸してくれた友人にかなり迷惑をかけてしまった。ご家庭でアカマンボウを解体するときに気を付けたいポイントだ。

鱗を落としたら、いよいよ包丁を入れていく。初めて挑む魚なので店主の教えとネットで得た情報だけが頼りだ。

最初に取り外したアカマンボウの背肉を味見してみると、肉質がかなりねっとり、いやねっちょりしている。脂っこいわけではないのだが、舌に絡みつくような独特の食感でマグロには似ても似つかない。色もカジキのようでマグロの赤身とはずいぶんイメージが違う。マグロに似ているのは他の部位なのだろうか。少なくともこの部位はマグロの代用にはならないなと思いつつ、解体を進めていく。腹側の身も背側と同様に取り外す。こちらのほうが少し脂の乗りはいいかもしれないが、見た目に大差はなく、マグロの代わりは務まりそうもない。

それにしてもこれだけ大きい魚だと、想像以上に解体に時間がかかってしまう。そのうえ初めて挑

骨の入り方は意外と素直。後ろ半分に限っては。

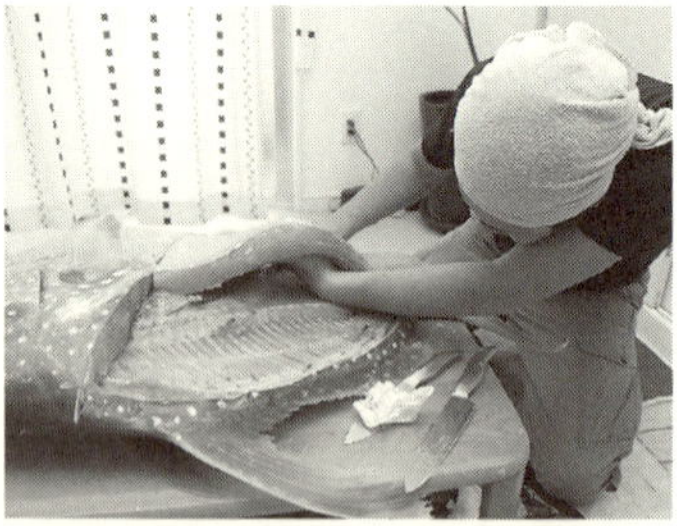

腹の肉も背の肉と同じように取り外す。

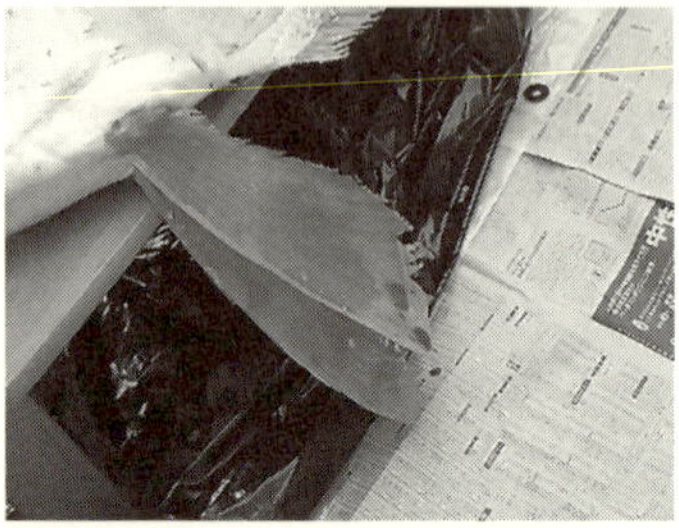

鰭の先に水ぶくれのように血が溜まってきた。傷み始めサインか。急がなくては。

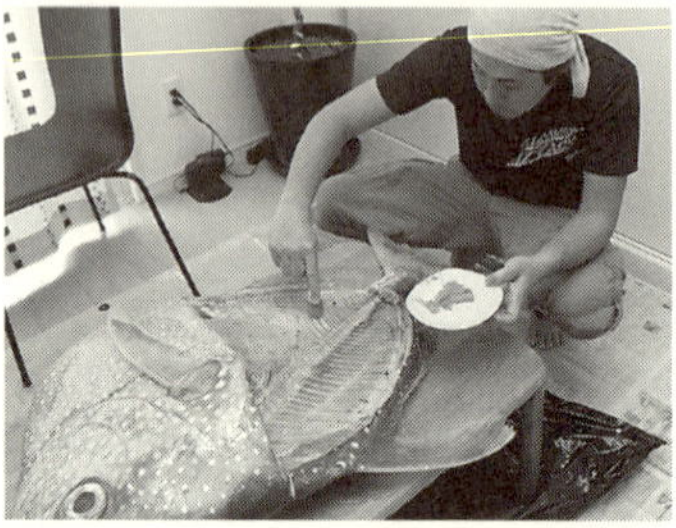

スプーンで中落ちを削ぎ取る。大きな魚をさばくときにしか楽しめない作業。

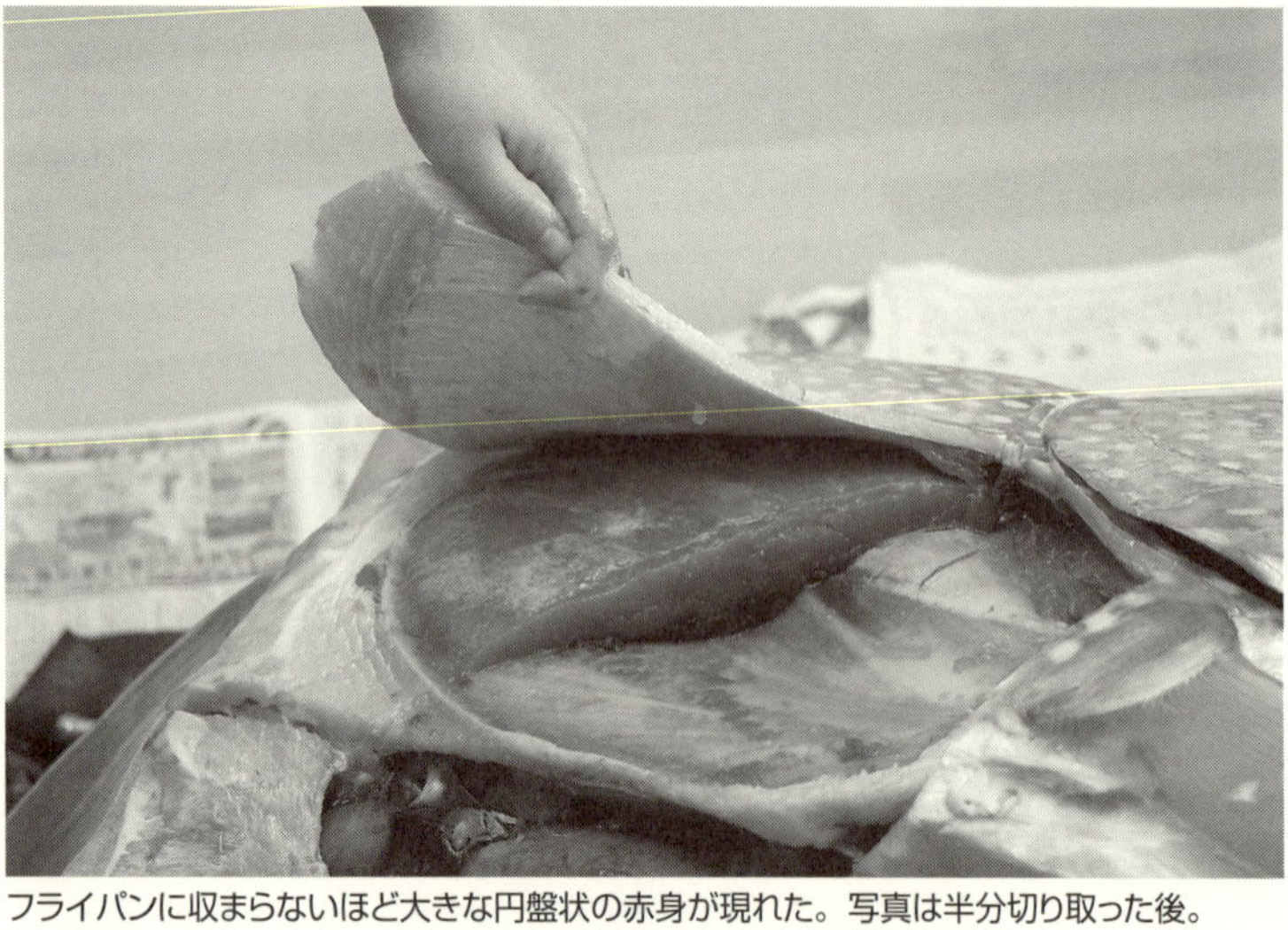

フライパンに収まらないほど大きな円盤状の赤身が現れた。写真は半分切り取った後。

む特殊な体型の魚なのでなおさら手間取る。部屋には冷房を入れているが、それでもあまりモタモタしていると身の傷みが進んでしまう。というわけで、ここからは部屋を提供してくれた友人夫妻にも協力を仰ぐことにした。これで作業効率は三倍だ。

しかし、依然として胸鰭より後方にはマグロの代用たり得るような部位は見出せていない。まさかあの噂は根も葉もないガセネタなのか。火のないところに煙が立ったレアケースなのか。

赤身が出てきた！

三人がかりで臨むと、一気に作業が進む。というか、これはやっぱり単騎で挑む相手ではない。残すはわずか胸部と頭部のみだが、まだ赤身らしい赤身は手にできていない。普通の魚なら廃棄されるか、まとめてアラ煮に回されてもおかしくないような部位だが、実はこれが宝箱だったりするのだろうか。

胸鰭の下に包丁を入れた友人が突如「おおお～！」と声を上げた。覗き込むと大きく丸い赤身の塊が！

しかも、その周りにはマグロのカマトロのような部分も見える。これは！　これぞ！

赤身を切り出してみると薄い円盤状で刺身用の冊は取りにくいが、色合いや身の質はマグロにそっくりだ。先ほどまでの白身とは全く印象の異なる肉である。こんなにも違うなんて！　同じ魚で部位によってこんなにも肉質が違うなんて‼　……まあ、本当は事前に鮮魚店主に説明してもらって大体

目玉も大きくて食べごたえがありそうだ。

これ……、マグロじゃないか?

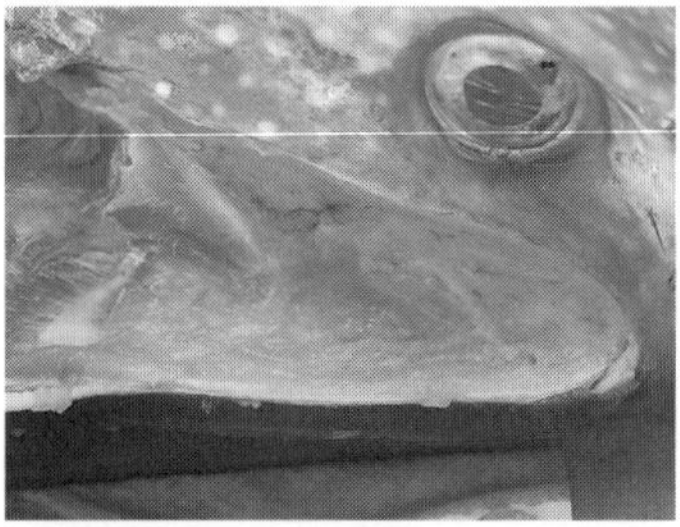

脳天にはぬちゃっとした脂。……グリース?

胸鰭の周囲、皮下の脂肪が乗った部位。

ちなみに、沖縄ではアカマンボウの頬肉はよく単品で売られている。やはり頬にも赤身があるらしい。

板状の骨の隙間にあった肉。筋肉の繊維の走り方が大雑把で、ホロホロと崩れる。

大きな板状の骨。肋骨だろうか?

知ってたんだけどね。

赤身のほかに、その周りについていたカマトロっぽい部分も気になる。こちらもマグロのそれに似ていたら最高だ。生でかじってみると、グニィっという不快な食感。異様に固い脂の塊といった感じで食べられそうにない。残念だ。ちなみに、似たような身質の部位は腹面にもついている。

さらにもう一点、奇妙な発見があった。赤身の下にやたら広い板状の骨が入っているのだ。異様に発達した肋骨だろうか。胴体の左右に一枚ずつ入っているこの「板」の隙間を覗くと、内臓のほかにいくらかの身も詰まっているようだ。もう冷蔵庫も冷凍庫もアカマンボウでパンパンだが、いざ肉が見えてしまうと取り出さずにはいられない。板状の骨を持ち上げて掻き出す。

出てきたのはこれまた鮮やかな赤身。だが、先ほどの円盤状の身とはかなり様子が異なる。繊維の走り方が単調で粗く、非常に脆い。圧力釜でしっかり炊いた牛肉のようだ。生なのに。

これは調理法を考えさせられる……。

さて、これでほぼすべての肉を取り終えた。まだ頭部が残っているが、こちらは骨格標本を収集している知人へ譲ることになったため、あまり手を着けずにおくことにした。無理に頬肉を取ろうとしてバラバラにしてしまったら台無しだ。……と言いつつ、どういう身が付いているのかやはり気になる。脳天の部分だけ慎重に切り出すことにした。

脳天には多少の白身と、ベチャッとしたゲル状の脂が詰まっていた。まるでグリースのようだ。なめてみるとほんのり甘いが、使い道が思い浮かばないので洗い流してしまった。それから、もちろん目玉は煮つけ用にキープ。

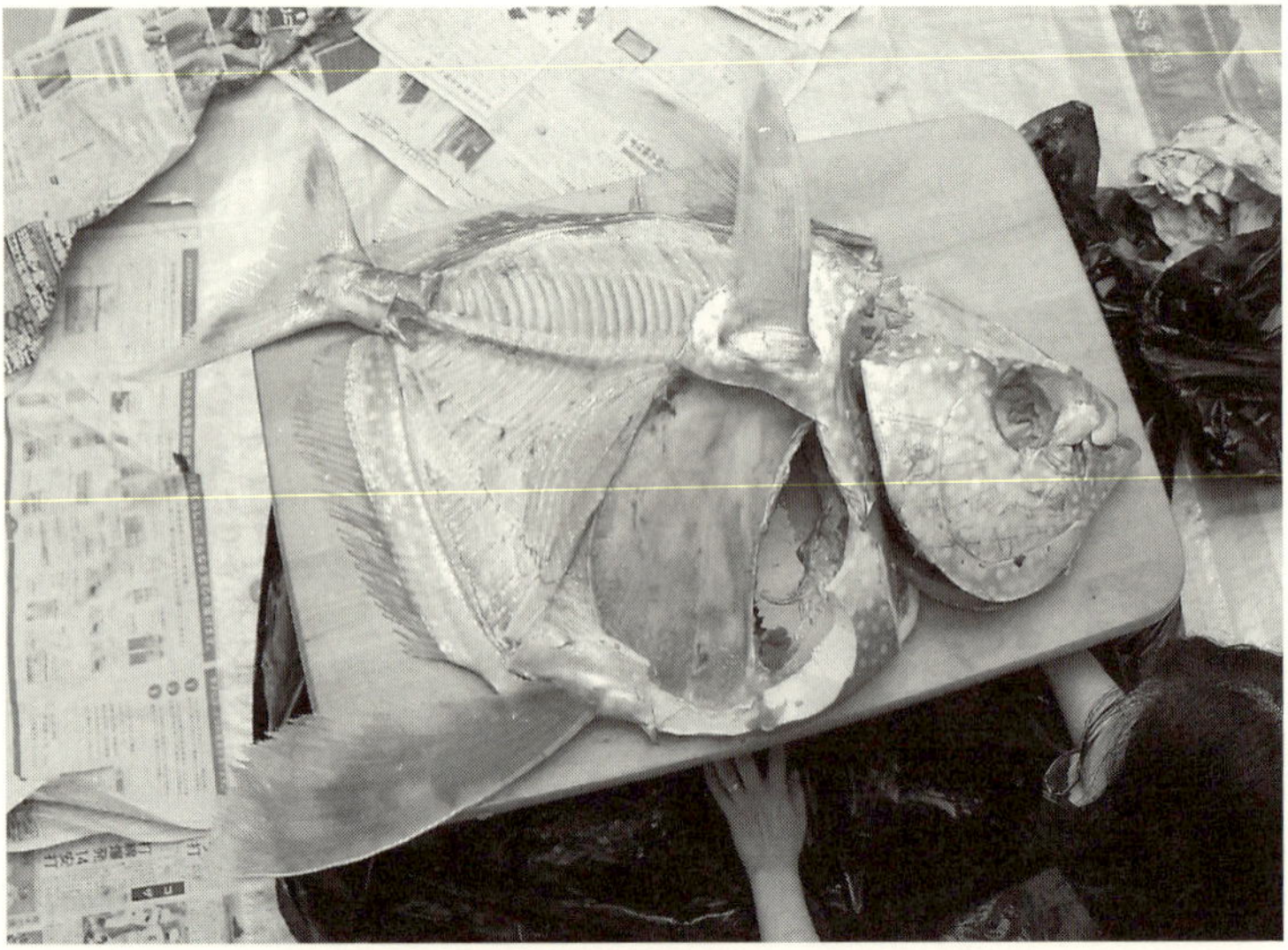

初めてにしてはなかなか綺麗に解体できたと思う。

以上で、アカマンボウの解体は終了である。普通は下ごしらえが済んだらすぐにでも料理して食べたくなるものだが、今回は相手が大きすぎたせいで体力的に疲れ切ってしまった。友人ともども、ここで一時間ほど仮眠を取ることにした。魚一尾さばくのに数時間を費やしたのは初めてだ……。

ちなみに、購入先の鮮魚店主曰く、アカマンボウの歩留まりはわずか三五パーセント程度であるという。たった三割ちょい！　と思ってしまうが、それでも三九キロのこの個体からおよそ一三キロ近い肉を削ぎ取れたことになる。これで一万五千円。うーん、コストパフォーマンスが良いのか悪いのか、ますます判断しかねる。

試食！　赤身はほぼマグロ

しばしの休息を終えたら、いよいよ調理と試食だ。果たして本当にアカマンボウはマグロの代用魚になりうるのか。それを確かめるためにも、まず試すべきは刺身だろう。

赤身を刺身に盛って比べてみると、見た目に限ってはやはりマグロにそっくりである。並べてみても大差はないように見える。マグロとの一番の違いは筋節の白い線がほとんどない点だろうか。おマグロ様の影武者として見た目は合格点だろう。

問題はそう、味と食感である。とにかく食べてみなければ。

……口に運んで驚いた。マグロだな、これは。そんなはずはない！　これはマグロじゃない別の魚だ！　と意識しながら噛みしめても、僕の脳は「うん、これマグロじゃないね」とは言ってくれない。

左は魚屋さんで買ってきたマグロの刺身。右がアカマンボウ。左のほうが旨そう？　うーん、そりゃ料理人の腕の差だね。口絵 p.ix も参照。

本物のマグロと食べ比べてみて、ようやく「マグロのほうが多少、後味がすっきりしているかな？」という違いを確認できる程度である。友人らもおおむね賛同してくれた。これは、充分に代役を務められると判断していいのでは？

と、ここで知人のOさん親子が骨格標本の材料にとアカマンボウの骨を回収に来てくれた。経験豊富な年長者と、無垢な少年の舌にも是非を聞いてみたが、やはり「マグロそっくり」という意見で落ち着いた。すごいなアカマンボウ、お前ほとんどマグロじゃん。

ちなみに、色の淡い「白身」の部分は食感ねっとり味さっぱりで美味しくはあるのだが、マグロとはかなり異なった。マグロの代わりになる素質があるのはやはり赤身の部分のみらしい。残った赤身で、他にマグロっぽさを確認できる料理を作ってみよう。

板状の骨に挟まれていた赤身はその脆さを活かすべくラードと叩き合わせてネギトロ的なものに。ご飯に乗せて食べると実に旨い。味を調えればパック寿司のネギトロそっくりにできるだろう。ここでラードではなく脳天に詰まっていた脂を使ってみても面白かったな、と少し後悔。

赤身はステーキにしてもやはりマグロに似て美味しい。なるほど、加熱調理もありなのか。

というわけで続いては、パン粉の衣をつけて油で揚げてみた。アカマンボウのカツはマグロのそれに負けないしっかりとした歯ごたえと味わいを楽しませてくれた。ちなみに、から揚げにしても美味しかった。カツが成功したのだから当然と言えば当然だが。

白身も旨いぞ！

ここまでで、アカマンボウの赤身にはマグロの代用品として充分なポテンシャルが秘められていることが明らかになった。当初の疑問は解決したわけだ。

では、マグロの代わりが務まらない白身には価値がないのかと言えばそうでもない。この魚、白身も旨いのだ。友人らの中には「刺身の味なら白身の部分のほうが好き」という者もいたほどだ。先ほどの赤身の「カツ」と同様に、白身にパン粉をまぶして揚げれば、今度は紛れもない白身の「フライ」が出来上がる。味もあっさりと癖がなく、カツとは違う美味しさがある。同じ魚なのに不思議なもんである。

実はマグロに似ているという点より、このように部位によって全く異なる食味を楽しめるところが、

赤身はカツに。

アカマンボウ+ラード=ネギトロもどき。

から揚げにしてもグッド。

アカマンボウのステーキ。

この魚の食材としての魅力なのではないだろうか。赤身、白身、目玉……。煮つけにするとどの部位も美味しく食べられた。特に脂の乗った腹回りの肉とトロトロの目玉は抜群に旨い。

また、焼き物にしても美味しいが、背の身は脂の乗りが控えめなので塩焼きにすると、ややパサつく。油を補えるムニエルにしたほうが良いかもしれない。

さらに、僕が食べられそうにないと思ったカマトロっぽい部位も、件の店主はこの皮目の脂を美味しく食べる方法を独自に考案していたことを後に知る。塩蔵して薄く切り、カリッと焼いて食べる「アカマンボウベーコン」、あるいはじっくり燻して「スモークアカマンボウ」にすると食感が改善され、食べやすくなるというのだ。なんでも、魚種名を伏せて同業者らに振る舞った際は、誰一人としてその正体に思い至

アカマンボウの塩焼き。イマイチ。

白身はフライに!

こちらはムニエル。

個人的に一番好きだったのがこの煮つけ。

る者がなかったらしい。しかも、味についても評判は上々だったという。

あの厚い脂身が利用できるようになれば、歩留まりは飛躍的に大きくなる。資源を有効活用するためにも、この試みが発展していくことを願う。僕も食べてみたいし。

一粒で二度おいしい素敵な魚

少し前まで、カラフトシシャモ(キャペリン)がシシャモとして販売されるなど、馴染みの薄い魚が代用魚としてメジャーな魚の名を借りて販売されたことは確かにあった。しかし、次々と食品・食材偽装の問題が発覚して、二〇〇三年にJAS法が改正され、二〇一四年には消費者庁がメニュー・料理等の食品表示のガイドラインを出すなど、食品・食材の表示は厳しくなってきた。アカマンボウの名称を隠してマグロの代用としていれば、それは食材の偽装である。消費者も敏感になっている昨今、そんなことをする回転寿司店があるというのは眉唾で、都市伝説のようなものだと思っておいたほうがいいだろう。

特に、今回扱ったアカマンボウはそれなりに安価かもしれないが、捕ろうと思って捕れる魚ではない。マグロに混獲されてくる程度では漁獲量は少なく流通が不安定で、回転寿司のネタとしては実用的ではない気がする。肝心の赤身も一尾から取れる量が少なく、形状も冊を取りづらいものだった。可能性があるとすれば、タタキにしてネギトロの材料とするくらいで、いずれにしても、「マグロの代用魚」には無理があるのではなかろうか。

結論として、アカマンボウの赤身は味も見た目もマグロそっくりであることがわかった。しかも白身も美味しく、調理法も選ばない、とても良い魚であった。だからどうか今後は「マグロの偽物」というネガティブな存在ではなく、「いろいろな食べ方が楽しめるオールラウンドプレイヤーの深海魚」として、華々しく売り出してあげてほしいと思った。

＊　＊　＊

僕がアカマンボウの解体→試食をしたのは二〇一四年の五月だったが、今年(二〇一五年)になって、アカマンボウに関する重大なニュースが飛び込んできた。いずれも海外からのものだが、一つは体重五九キロのアカマンボウの泳ぐ姿をカメラにとらえたというものだ。マグロやメカジキと同じくらい速く泳げることもわかってきているという(ナショナルジオグラフィックニュース http://natgeo.nikkeibp.co.jp/nng/article/20150210/435063/)。また、アカマンボウがそんなに速く泳げるのは、自ら熱をつくり出し、まるで温血動物のような機能を備えているからだという報告もあった（*Science* DOI: 10.1126/science.aac4599）。ん？　マグロも恒温動物ではないが、高速で泳ぎ回ることにより筋肉から熱を生み出しているとも聞く。これはもしや、マグロの味＝発熱する魚の筋肉の味、なのではなかろうか？　想像たくましく、こんなことまで考えてしまった。さらにナショナルジオグラフィックニュースには、二〇一二年のハワイでのアカマンボウの市場規模は約三〇〇万ドルだったとも書かれていた。「生でもバーベキューにしても薫製にしても、非常に美味しい魚」として、すでに一大市場を築き上げていたようだ。なんだ、なら美味しいのは当然か！

んん!?　これマグロじゃん!

COLUMN

実はよく食べられている深海魚

深海魚を食べると言うと、とても驚かれることがある。「あんな気持ち悪いもの食べられるの？」「信じられない！」と拒否反応を示す人もいれば、一方で「味はどうなの？」とか「食べてみたい。どうやったら食べられるの？」とか興味ありげな反応を示す人もある。どちらにせよ、かなりインパクトのある話題ではあるらしい。だが、本当はさして驚くようなことでもないはずなのだ。なぜなら、我々は日常的に深海魚を食しているのだから。例えば、キンメダイ。スーパーでも料理店でも頻繁に見かける、言わずと知れた重要水産種である。一般的に水深三〇〇メートル以深で漁獲されるこの魚は紛れもなく深海魚。しかし、拒絶反応を示す人はほとんどいないはずだ。冬場の鍋に欠かせないタラ（マダラ）も深海魚と呼んでいいだろう。産卵後、一時的に水深一〇〇～二〇〇メートル前後の浅場へ寄ることもあるが、基本的には暗い深海の住人である。タラといえばフィッシュフライの材料として世界中で食べられているホキという魚も、タラ科に属す南半球産深海魚である。知らず知らずに食べている深海魚の典型だろう。「冷凍の白身フライには外国の深海魚が使われている」と聞くとなんだか得体の知れない気味の悪さを覚えるが、何のことはない。あちらのマダラ的ポジションにある魚だと思えばいいのだ。

さらに、メヌケ類やギンダラといった高級魚も実は深海で捕れるもの。魚以外だとズワイガニやアカザエビなどの甲殻類も深海底に生息している水産資源である。ホタルイカやサクラエビも、ごく限られた産卵期以外は基本的に深海域を泳いでいる。このように、深海生物とは意外とごく普通に食されているものなのだ。

ソデイカでつくる巨大イカ料理

富山の港で日常的に見られる（?）光景。北陸のポテンシャルが恐ろしい。

先頃、生きているダイオウイカの水中映像が撮影されて各所で大いに話題になった。ダイオウイカといえば誰もが知る深海の巨大なイカである。

しかしその映像史に残る成功の立役者として、もう一種類の巨大イカがいたことはあまり知られていない。ダイオウイカをおびき寄せる餌となった「ソデイカ」である。

今回はあえて、そのソデイカにスポットを当ててみたい。

富山湾へ！

ソデイカとは食用イカの中では最大級の種で、体重は大きいものでなんと数十キログラムにも達する。しかも、一ミリメートル程度の卵から寿命を迎える一年以内でここまで成長するというから驚きである。分類学的には、頭足綱ツツイカ目ソデイカ科に属する。

以前から生きている姿を見てみたいと思ってはいたのだが、シーズンが限られていることもあり、なかなかチャンスに恵まれなかった。

そんな折、富山在住の釣りライターである友人、小塚拓矢さんから、「富山湾にソデイカが集まってるから捕まえに来ませんか？」との連絡をいただいた。

あ、行きます。二つ返事で富山へ飛んだ。

なんでも、ソデイカは基本的に深海に暮らすイカなのだが、毎年晩秋になると近海の浅場に浮いてくるらしい。さらに、盛期には水面を漂っているところを堤防からタモ網ですくったり、ギャフで引っ掛けたりして捕まえることができるという。

特に夜間に見つかることが多いそうなので、土地勘のある小塚さんに案内されて夜の堤防を歩いてみる。しかし、この晩は夜釣りにいそしむ方が多く、軽々しく水面を照らすことができない。彼らの邪魔になってしまうからだ。タイミングが悪かった。ここはいったん、あきらめよう。

岸から捕れないなら沖へ出てしまえ！　というわけで堤防歩きの後日、釣り船に乗って深海を泳ぐソデイカを狙うことにした。富山湾と言えば岸を離れるとすぐさま水深が数百メートルまで落ち込む特殊な地形の湾で、日本海側では最も深海へアクセスしやすいエリアである。岸から船で三〇分も走れば深海に釣り糸を垂らすことができる、大変うらやましい環境だ。

ここで同船者に「今日は天気がいいから立山連峰がはっきり見える。平坂さん運がいいですね」と言われたが、一瞬何のことだかわからなかった。山？　雲しか見えないんですけど……。あ、違う。

釣竿の向こうには雪化粧の立山連峰を望む。釣りをしている間、ずーっと雲だと思っていた。

雲だと思っていたのは雪で頂が白くなった山々だったのだ。どうりで冬の雲にしては妙な形だと思った。そして、水深千メートル近い海域にいるにもかかわらず陸が見えてしまうことに、違和感を覚えずにはおれない。僕にとって初めての日本海は巨大イカに出会う前から驚きの連続だ。

疑似餌が巨大

ところで、イカ釣りには「スッテ」と呼ばれる疑似餌を用いる。ソデイカ釣りも例外ではないのだが、これがとんでもなくデカい。普通のイカ釣りに使うスッテがおもちゃのようだ。これは釣れるイカ自体の大きさもさぞ凄まじいのだろうと想像がつく。

ポイントに到着すると、巨大なオモリでスッテと集魚灯を水深二〇〇メートルに沈めて巨大イカ釣りの始まりである。

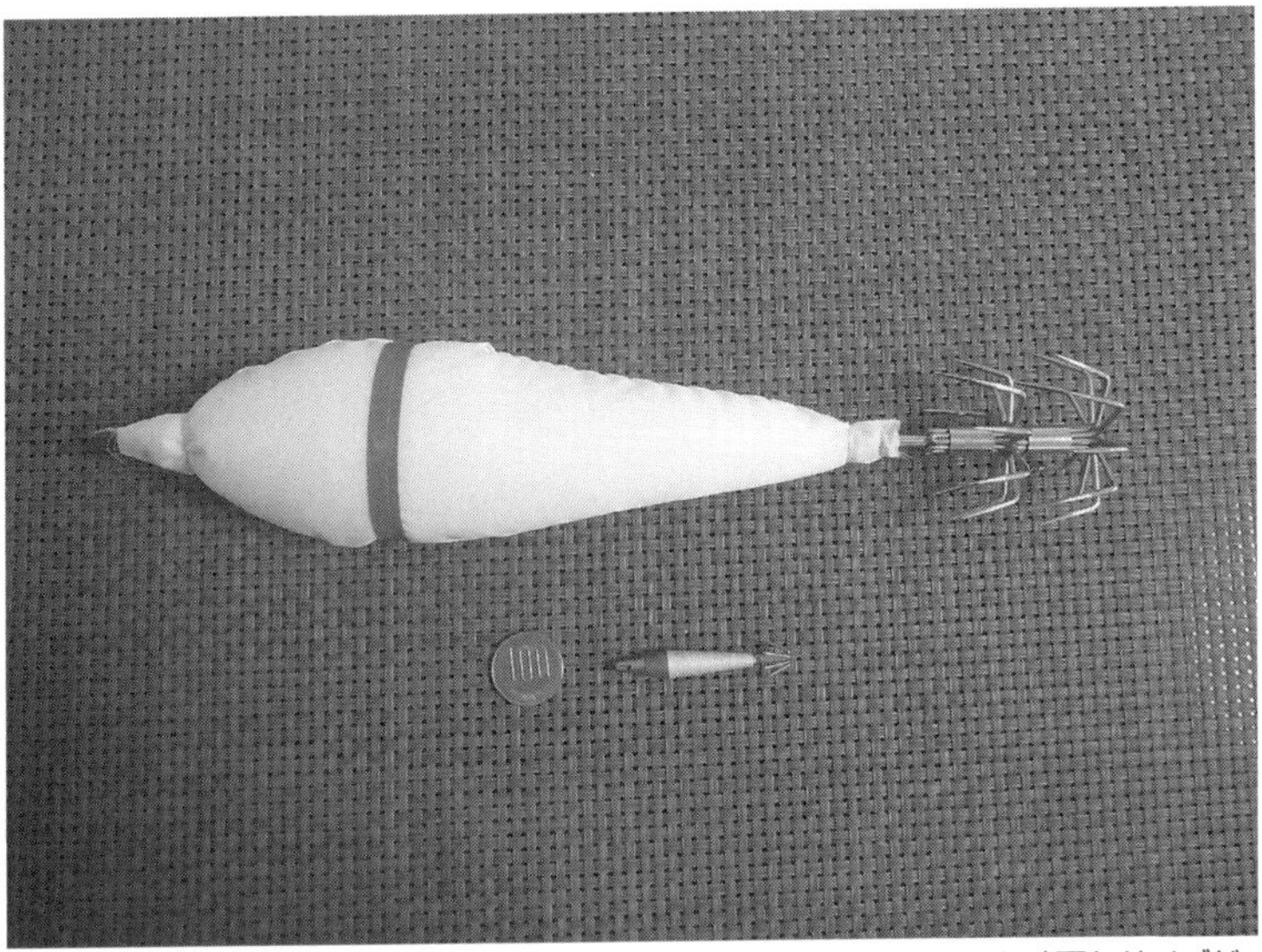

こちらがソデイカ用のスッテ（上）。普通のスッテ（下）と比べるとあまりにも凶悪なサイズだ。

この日は僕を含めて五名の釣り人が船に同乗していた。よーし、僕が真っ先に釣ってやるぞ！　が、数時間に渡ってイカからの反応はなし。無駄に気合が入っている人ほど、一人で空回りして釣れない。釣りなんて往々にしてそんなものである。

自分で釣れなくてもせめて姿は見たい！　お願い、誰か釣ってください‼　そう思っていると、背後で釣りをしていたSさんが気持ちよく竿を曲げている！　しかもけっこうな大物らしく、二〇分近くも格闘している。これは期待できる‼

やがて、水面下に赤い影が浮かんだ。

「うおおお！」「デカい！」「何だこれ！」船上はイカのシルエットの大きさに驚く声に包まれた。ソデイカを船に引き上げる際は、タモ網ではなく頑丈な「ギャフ」という手鉤を用いる。

ちなみにこの釣りでは、船に上げる前に水中で

釣られて盛大にスミを吐くソデイカ。NHKなら撮ろうとも思わないであろう決定的瞬間だ。

スミをすべて吐き出させることが肝要であるという。それをしないとどうなるかは後ほど明らかになる。

揚がってきたのは体重一〇キログラムほどの立派なソデイカだった。

しかし、この日お世話になった船頭さん曰く、「重さで言えばその倍くらいにはなるよ」とのこと。この倍といえば二〇キログラムか……。とんでもない世界だな。

続いて地元の釣り好き少年「しんかい君」(本名が竿を曲げる！　彼は「名前がしんかいなんだから、深海釣りくらい経験しとけ！」と小塚さんが招待したのだそうだ。

数十分に渡る戦いの末、海面にソデイカの姿が見えた！　しんかい少年も初めての大物にヘトヘトだ。すぐに楽にしてあげようと周りの大人たちが速やかにギャフを打つ。そこまでは良かったの

釣り上げた本人以上にはしゃぐ墨まみれの大人たちに若干あきれ気味のしんかい君（右端）。

だが、焦ってイカの顔がこちらを向いたまま船に引き上げてしまった。

惨劇の幕開けである。

やったっ！　やりやがったっ！　抜群のタイミングで船上に向けてイカスミを発射するソデイカ。スミを吐かせていなかったのが災いした。

さすがソデイカ。巨体に蓄えているイカスミの量も尋常ではない。船上は大騒ぎだ。阿鼻叫喚、というには笑い声が多いが。船上を派手に汚された船頭さんも「これ洗ってもなかなか落ちないんだよー!?」と苦笑い。本当にごめんなさい、と一同。

そして、こちらのソデイカも大きい！　こんな大物を深海から引き上げるのは相当な体力を使うに違いない。少年の頑張りを船上の皆が我がことのように喜ぶ。もう汚れなんてどうでもいい。むしろ勲章のように思っているに違いない。

さらにその後小型の個体（それでも五キログラ

ソデイカの刺身。短冊からサイコロ状までいろいろな切り方を試してみた。

ム！）を一匹追加して帰港した。

よーし、さっそく食べよう！

まずは刺身と巨大イカリング！

とりあえず、一番小さなソデイカを小塚さんの事務所で味見してみることになった。

たっぷり吐かせたつもりでも、体内にはねっとりとしたイカスミがたくさん残っていた。ソデイカのイカスミは新鮮なものをなめると、とてつもなく濃厚な味がするのだとか。撮影に夢中で味見しそこねてしまったのが悔やまれる。

まずは手始めに刺身から。肉厚で、さいの目に切るとナタデココにそっくりである。食感は意外と弾力が少なく、サックリとした歯ごたえ。あまりイカっぽくはない。味もイカには違いないが、かなり薄味であっさりとした印象である。美味しかったけれど、口当たりの新鮮さのほうが強く心に残った。

これは船頭さんに聞いたのだが、ソデイカは冷凍して寝かせるほど味がはっきりして美味しくなるのだという。

「なら二～三日は寝かせたほうがいいですかね？」と聞くと、「いやいや、一年くらい寝かせないと」という驚きの返答が。すみません、僕はけっこう辛抱強いほうだとは思うけど、さすがに一年は待ちきれないです。

続いてはみんな大好き、イカリングのフライに挑戦だ。……案の定、ビジュアルがすごいことになってしまった。まあ、とにかく大きい。比較用に揚げたスルメイカのリングがすごく貧相に見えるが、だまされてはいけない。ソデイカリングのほうが化け物じみているのだ。もはやイカリングのフライというよりイカリングのカツといった印象だ。

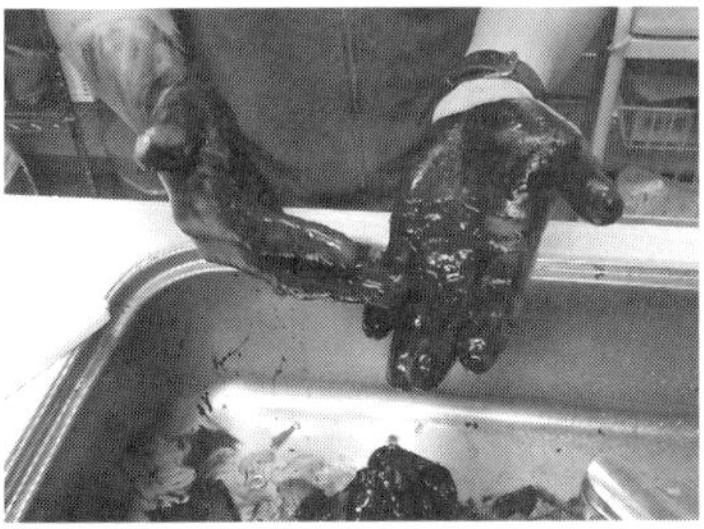
ねっとりとしたイカスミ。

フライパンいっぱいに!

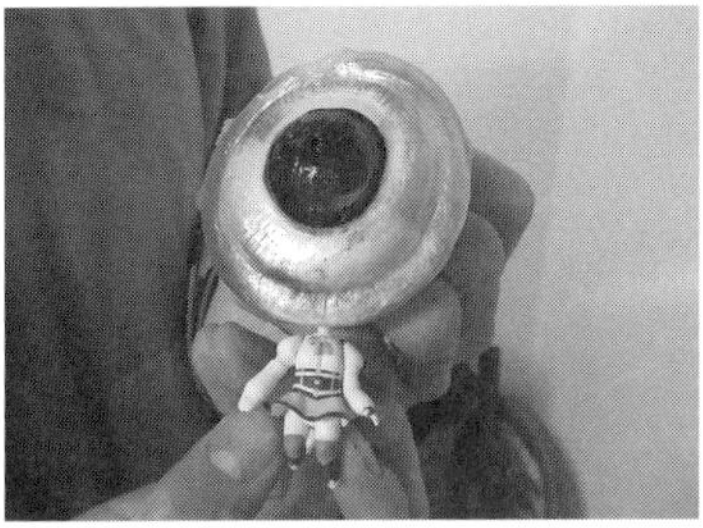
目玉の親父。

スルメイカ(内)とソデイカ(外)のイカリング。

ソデイカリングのフライは非常に美味しかった。ソデイカの淡白な肉には、適度に油を加えた料理が合うようだ。

ところで、イカ類は体に対して眼がとても大きい（世界一大きな眼球を持つ生物はダイオウイカである）。ソデイカほどの大物になると、それこそマグロの目玉のように立派である。しかも魚と違ってちょっと人間っぽい。そこでジョーク好きの小塚さんが、人形の胴体にソデイカ・アイをドッキングさせて鬼太郎のお父さんを製作。「目玉の親父、実在したらけっこう気持ち悪いんだなー」と思った。ちなみに、この人形は観賞用ではなく、釣り鈎を取り付けてナマズを釣るためのルアーにするのだとか。そういう遊び心のある釣りができる人って素敵よね。

メインディッシュは巨大イカ焼き!!

みなさんから「せっかくソデイカのために富山まで来たんだから、一番大きいやつは持って帰りなよ！」とありがたいお言葉をいただいた。

僕が釣った獲物でもないのに、富山の人たち優しい！　ありがとうございます!!　遠慮なく貪らせていただきます。

さて、そんなこんなで一〇キログラムもある巨大なイカが手に入ったのだ。味はもちろん重視するが、舌だけでなく目も満足するような豪快な料理が作りたい。真に「素材を活かす」とはそういうことだろう。

思案の結果、メニューは胴体を丸ごと使えるイカ焼きに決まった。しかし、やはり一人ではとても食べきれないので、友人を集めて振舞うことにした。「富山湾で捕れた新鮮なイカをご馳走する」とだけ伝えておいたため、実物を見て皆かなり驚いていた。「これ、あれでしょ？ ダイオウイカでしょ？」という人も。そんなわけあるか。

ちなみにソデイカという名は、触手にまるで振袖を思わせるようなヒダがあることに由来する。また、地域によって様々な呼び名があり、その体色から「アカイカ」と呼ばれたり、樽をウキにして釣

ソデイカという名前の由来となった振袖。

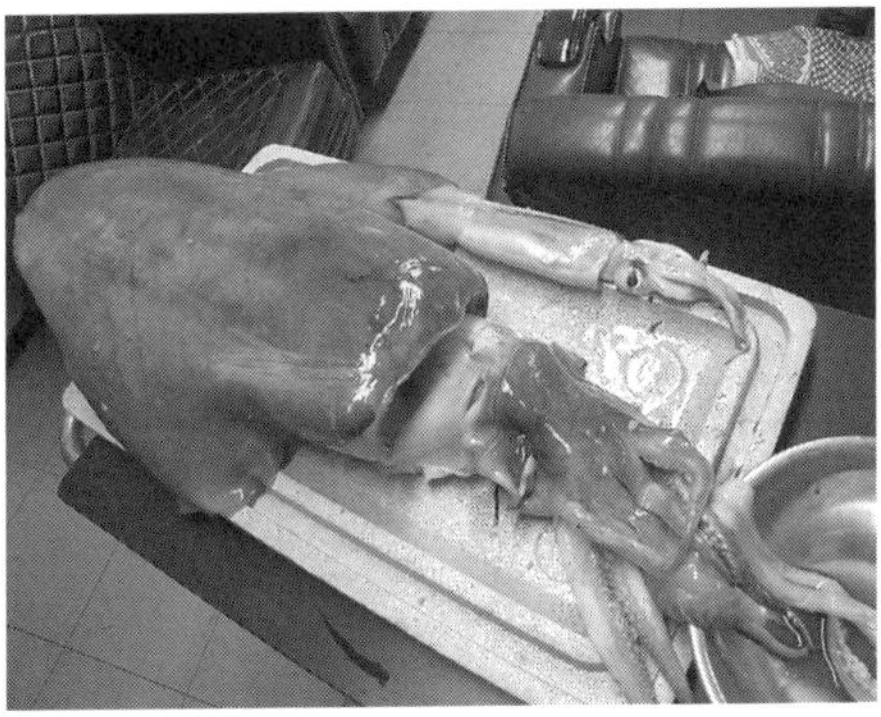
スルメイカとの比較。

トングや菜箸ではとても持ち上げられない。

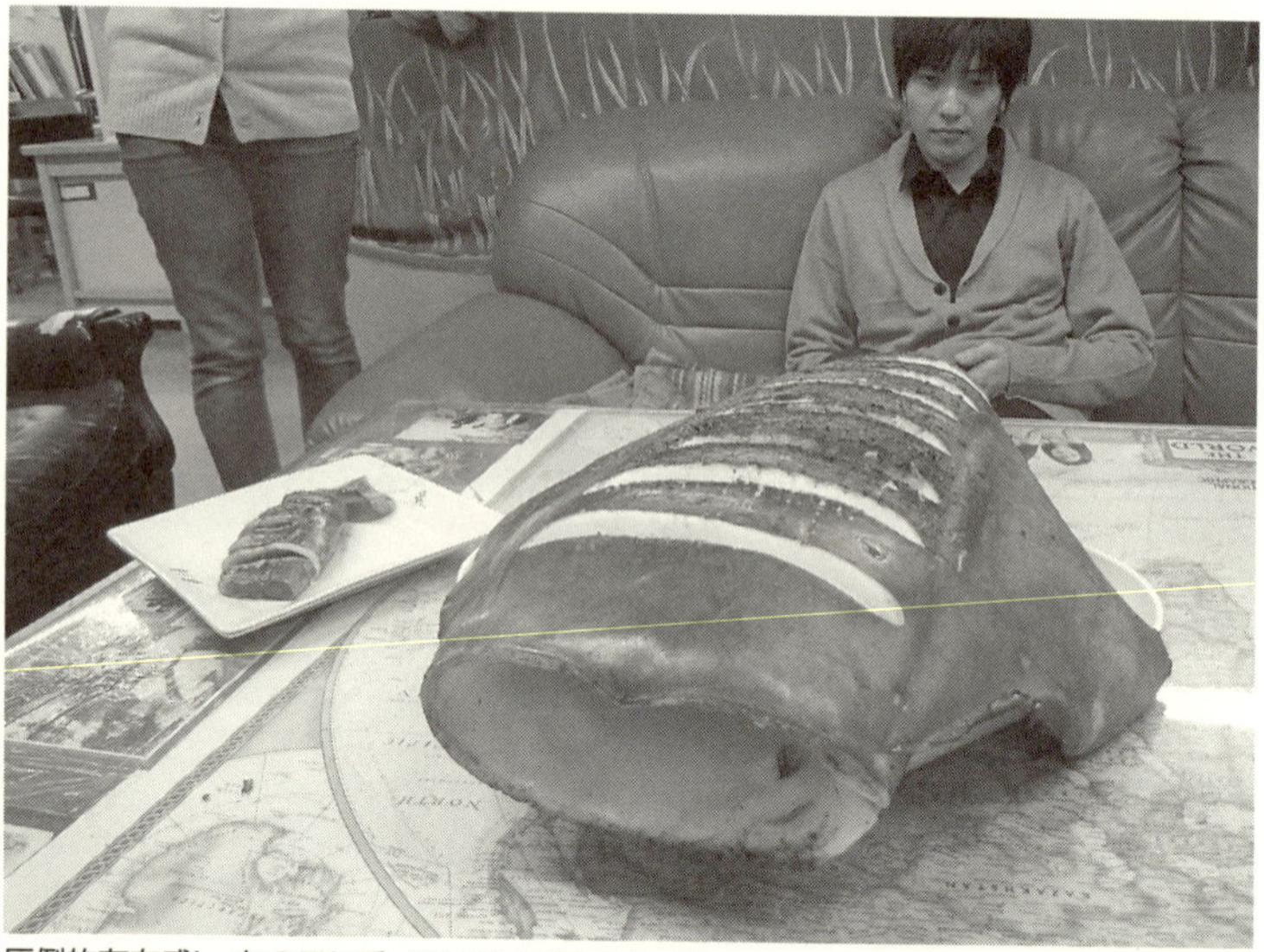

圧倒的存在感!　左の皿に乗っているのはホタルイカ……ではなく普通のスルメイカ。

り上げる伝統的な漁法から「タルイカ」と称されたりもする。沖縄では「セーイカ」と呼ぶと通りがいい。また、このイカの英名は「ダイヤモンドスクィッド」であるが、これは鰭を広げたシルエットが菱形であることに由来する。

バーベキューコンロからはみ出す

しかしこのソデイカ、丸のままではとてもキッチン内でどうこうできるサイズではない。そこで屋外に持ち出してバーベキュー用のコンロで焼くことにしたのだが、せっかく用意したコンロからも空気も読まずにはみ出しやがる。すばらしい。単品でバーベキューコンロを占領する食材などなかなかないだろう。

コンロの上でひっくり返す際には軍手を着けて両手で抱える。男の料理とはこういうものだ。ちなみに、ハケでタレを塗るのは早々にあきらめた。

表面積が大きすぎて手間が掛かるうえに、いくら外側にタレを塗りたくっても、肉厚すぎてろくに味が付かないことが目に見えていたからだ。

じっくり焼き続けること一時間半。そろそろ焦げ目が強く出てきたので、これにて完成とする。なんだこれ。アノマロカリスか？　これはもはやイカ焼きではない。イカの丸焼きと呼んだほうがしっくり来る。まさか丸焼きという単語を豚や鳥以外に用いる日が来るとは。

期待通り。大迫力の一皿がテーブルに乗った。普通のイカ焼きと並べると、とても同じ料理だとは思えない。そして一時間半も焼いたのに、まだ火が通りきっていなかったのにはさすがに驚かされた。それだけ身が分厚いということだ。これ以上炭火

切り分けた見た目はかまぼこっぽい。

エンペラも当然デカい。

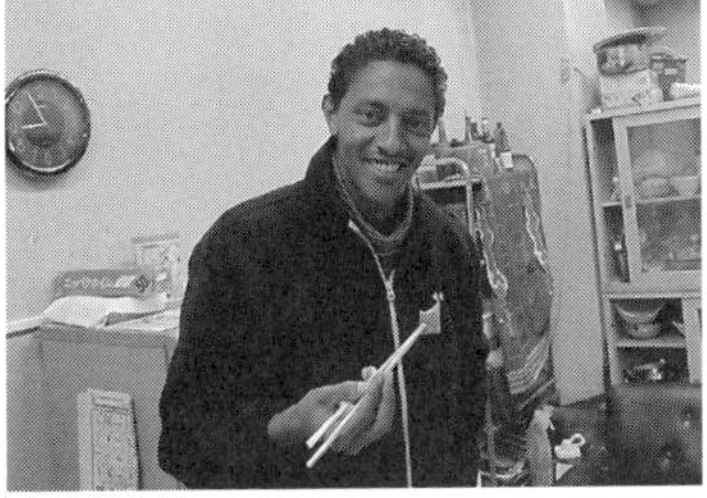

内陸国の出身で、この日までイカという生き物を知らなかった留学生のマイケルも気に入ってくれた。

リングの内側にはまだ火が通っていない部分も。断面に乗っているのは、通常サイズのイカリング。

巨大ゲソ天も作った。左は例によって普通のスルメイカのゲソ天。

で焼くと焦げ付いてしまう部分が出てくるので、輪切りにしてレンジでチンすることでお茶を濁した。

小さく切り分けて食べてみると歯ごたえがすごい。刺身はサクサクしていて食べやすかったので、火を通しても軟らかいだろうと思っていたのだが、そんなことはなかった。数切れも食べると顎が疲れてしまうほどだ。長時間加熱して水分が抜けたためかもしれない。そのままでもイケるが、マヨネーズを付けるとより美味しい。やはり油分との相性が良い。

この日卓についた皆には大いに好評であった。特に貴重なイカのエンペラが好きなだけ食べられるというのがウケていた。

食材としてのソデイカにあえてケチをつけるとするなら、イカにしてはやや大味な点だろうか。しかしこの独特の食感は、他のイカでは味わえない魅力的なものである。

そして、最後に大好物であるゲソの天ぷらを作った。「巨大なゲソ天にかぶりつく」という夢のような体験ができたが、噛み切れないどころか身肉に前歯を持っていかれそうになったので、結局細かく切り分けて食べた。欲張らずに最初から一本ずつ揚げればよかったかな。

みんなも知らずに食べているはず

このソデイカ、実はごくごく普通に全国各地のスーパーで一年中売られている。ただし細かく切られたうえでだ。冷凍のイカステーキやロールイカ、シーフードミックスに使用される、あのやたら肉厚なイカ肉がそれである（ソデイカ以外にムラサキイカなどが使われる場合もある）。

深海生物としての例に漏れずまだまだ生態に謎の多いソデイカであるが、実は重要な水産資源であり、我々の食生活を支えていたのだ。今後それらを食べる際は、ぜひこのイカの立派な姿を思い出してほしい。何気なく食卓に並ぶ海鮮料理も少し味わい深く、そして感慨深いものになる……かもしれない。

イカリング一つで満腹。

COLUMN

一般人が深海魚を釣るには?

深海魚を捕まえる機会なんて、普通の人には一生ありえない……なんて思い込んでいないだろうか。実は、意外と普通に釣ることができる。深海魚をターゲットとした釣りはずいぶん前から市民権を得ており、遊漁船も各地に存在している。一～二万円の船代さえ払えば、誰もが生きた深海魚捕獲に挑戦できるのだ。

なお、釣魚として確立されている魚種は本章で紹介したソデイカ以外にもキンメダイ、メヌケ類、アブラボウズなど美味しくて高級なものばかり（中には引きの強さを楽しむことに重きを置いたバラムツという例外もあるが）。深海鮫やアシロ、クロタチカマス類といった見た目は絶品でも商品価値の低い魚を専門に狙う船は残念ながらほぼない。だが、こういう「まだ見ぬ深海生物」へのロマンを理解してくれる船長も少なからずいる。そういう船を探して交渉すれば、市場に並ばないタイプの深海魚を捕まえる機会を得られるだろう。実は、深海魚釣りが遊漁として親しまれているのは世界を見渡しても日本だけ。これは魚への飽くなき探究心と、秀れた漁具を作る技術の高さゆえだろう。日本製漁具の質の高さはあらゆる製品において群を抜いているのだが、同時にガラパゴス化も進行している。数センチのタナゴを釣る仕掛けがあるかと思えば、その一方で水深千メートルから巨大魚を引き上げられる強力な電動リールや釣り糸も商品化されている。こうした技術が、深海魚釣りという日本独自の遊漁文化を支えているのだ。

ちなみに、深海魚釣りに必要な道具はなかなか高価で、新品で揃えるとなると一〇万はくだらない。この辺がもう少しどうにかなれば、深海魚ももっと身近な存在になるのだが……。

地震の前兆
……なんかじゃない!
サケガシラ

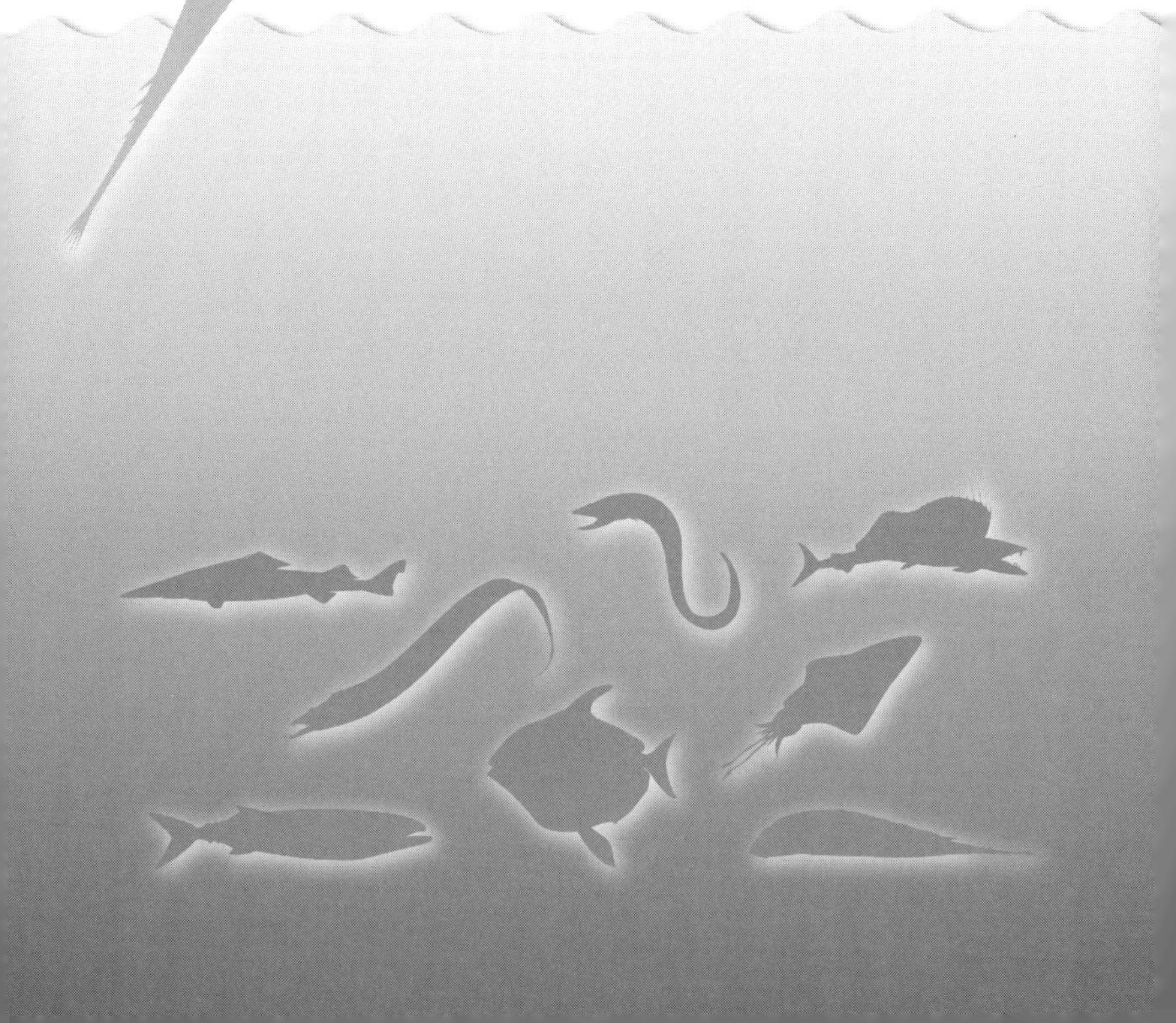

サケガシラってこんな魚。

浜に打ち上がったり定置網に入り込んだりしてしばしば話題になる「サケガシラ」という深海魚がいる。銀色のボディと赤い鰭が特徴的な、リュウグウノツカイに似たかっこいい魚である。もはやニュース番組や新聞では馴染みの顔だが、ぜひ生で見てみたい。触ってみたい。食べてみたい。

そう考えていた折、北陸に住む魚好きの友人から、富山湾には過去に何度もサケガシラを釣り上げている遊漁船があるという情報を入手した。時は二〇一四年春、僕は釣竿を担いで富山へ向かった。

ホタルイカを追って浮上する?

サケガシラは概ね深海で暮らしている魚なのだが、日本海沿岸では春になるとやや浅い場所でも姿を見せるようになるという。どうやら、産卵のために接岸するホタルイカやシロエビなどの餌を追いかけて浮上してくるようだ。

春の富山湾の風物詩と言えば「ホタルイカの身投げ」で

ある。産卵目的で深海から浮上した無数のホタルイカたちが富山湾岸へ一斉に接岸、打ち上げられる現象のことである。ホタルイカの身投げは春先の大潮の晩によく見られ、打ち上げられたイカたちが放つ青白い光で彩られた砂浜は神秘的な光景となる。この年も、多数のホタルイカたちが岸際へ押し寄せていた。

ホタルイカがたくさんいるということは、それを食べるサケガシラもたくさん寄ってきているということ。うむ、捕まえたいならここを舞台にしない手はないだろう。

一般人がサケガシラを狙って釣り上げたという話はほとんど聞かない。だが今回は時季もピッタリだし、何よりお世話になる船は過去に実績がある。これはひょっとするかもしれない。

が、やはりと言うべきか、いざ出船するといっこうに釣れない。何度か何者かが餌を突く反応はあったのだが、針には掛からないのでその正体がわからない。数日のうちに計五回も出船したが、結局空振り三振でサケガシラの顔は拝めずに終わった。

しかし、港に帰るところで、船長から素敵な情報を聞くことができた。

「ここんとこ毎日、刺し網には掛かっとるみたいだけどね。サケガシラ」

夜の港ですくったホタルイカ。サケガシラ釣りの餌ももちろんこれ。

えっ⁉　毎日⁉

「刺し網に掛かってもどうせ売り物にはならんはずだから、漁師さんに頼んで貰ってきてやろうか？」

ぜひ！　お願いします‼

実は、たいして珍しい魚じゃないらしい

後日、船長からサケガシラ確保の報を受けてワクワクしながら港へ向かう。本当にこんなに簡単にサケガシラが手に入るのだろうか。

船の傍らに無造作に置かれたクーラーボックスを開けると、中には巨大なタチウオのような魚が。サケガシラだ！　しかも二匹も！　水揚げされたばかりで超新鮮。欲を言えば生きている姿も見てみたかったたが、これでも充分に大きな収穫だ。これだけ新鮮なら食べることもできるぞ！

その後もなんやかんやあって、二匹のサケガシラとアンコウ一匹を追加で手に入れることができた。あっという間に、労せずして手元に四匹の大型深海魚が揃ってしまった。

たくさん集まったので三匹は魚好きの友人らに分け、一匹のみを持ち帰って試食することにした。

こんなにイージーに手に入るもんなのか、サケガシラ。毎日捕れるとまで言っていたな。よくメディアで「サケガシラという珍しい深海魚が捕れた！　地震や天変地異の前兆では⁉」と騒がれているが、あれは一体何なのか。

はい、手に入りましたー！　しかもでっかい！　嬉しい！　食べきれない！

漁師さんらにその辺りについて聞いてみると、「毎年、ホタルイカやシロエビが岸に寄るこの時期になるとよく捕れる。しょっちゅう定置網や刺し網に掛かるが、売り物になる魚ではなく処分されてしまうので人目に付かないのだろう。富山湾ではそんなに珍しいものではない」とのことであった。自然災害の前触れだというのも、どうやら迷信らしい。

なるほど、僕は釣れなかったが漁師さんたちにとっては見飽きた魚らしい。最近やたらと浜に打ち上げられたり定置網に入り込んだりした深海生物が取りざたされるのも、ＮＨＫによるダイオウイカの撮影成功に端を発する深海ブームの影響が多分にあるのだろう。従来は人知れずスルーされていた深海生物の漂着に、ここぞとばかりにスポットライトが当てられてまくっているだけなのかもしれない。

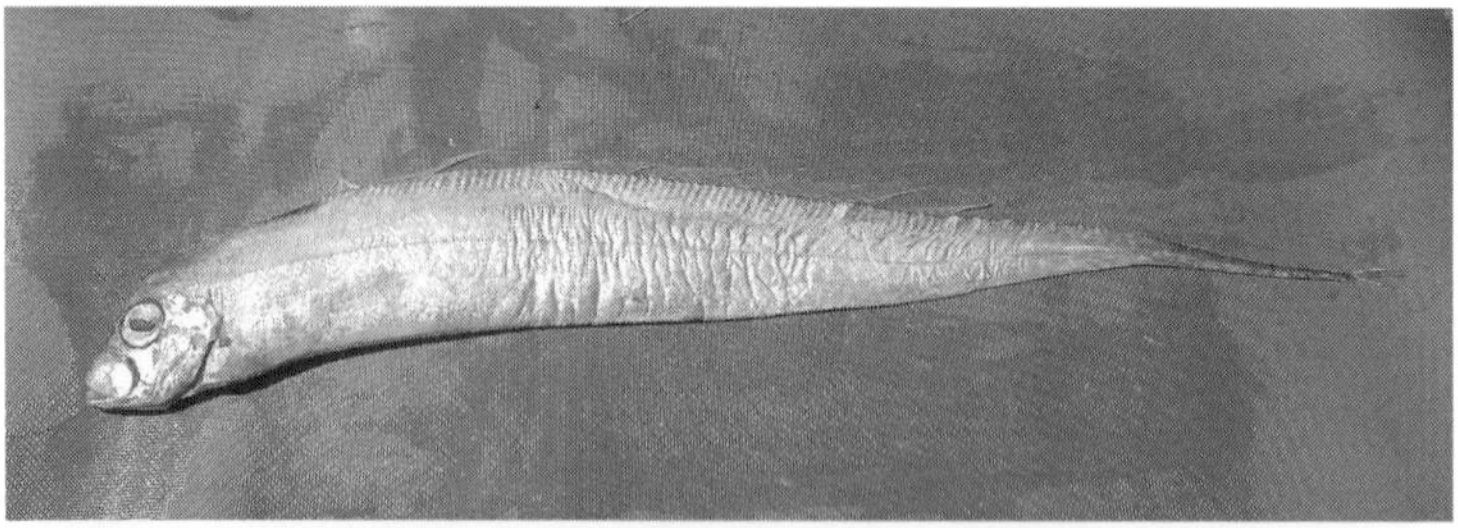

時間が経って色があせてしまった。指で触れると、タチウオのように銀粉が付着する。

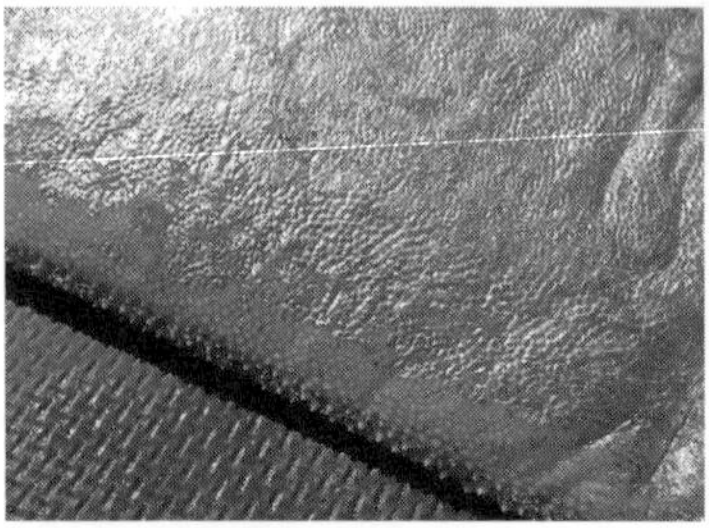

体表は小さな突起に覆われてブツブツ。特にお腹側の突起が大きい。

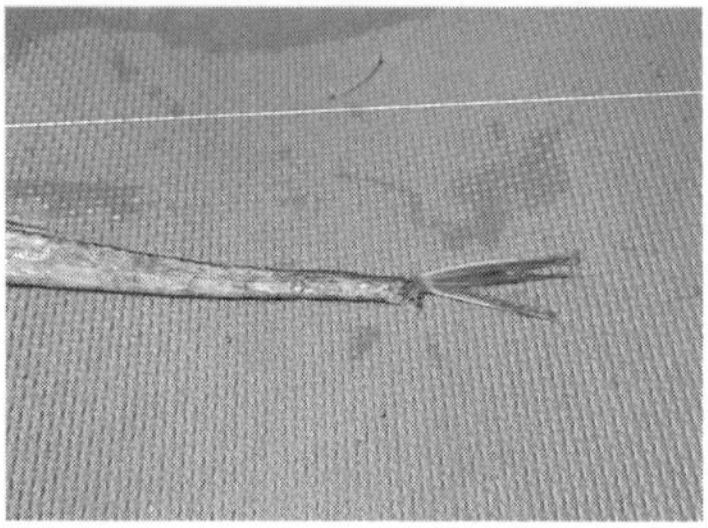

申し訳程度にちょこんとついている尾鰭。

調理！　の前にちょっと観察

さあ、いろいろな方の協力のおかげで手に入れることができたサケガシラ。いざ試食……の前に、せっかくなのでじっくり観察してみよう。

サケガシラはリュウグウノツカイと同じアカマンボウ科の魚である。しかし、サケガシラの各鰭はあんなに伸長することなくコンパクトにまとまっている。特に尾鰭に注目してみると、これがまた非常に小さく、退化しかけているように見える。遊泳の際にもほぼ機能はしていないのではないか。この手の痕跡的な尾鰭はタチウオ類にもありがちな特徴である。サケガシラは深海性ゆえに生態がよくわかっていないが、やはりタチウオ類のように立ち泳ぎをしたり魚体をくねらせて泳いで

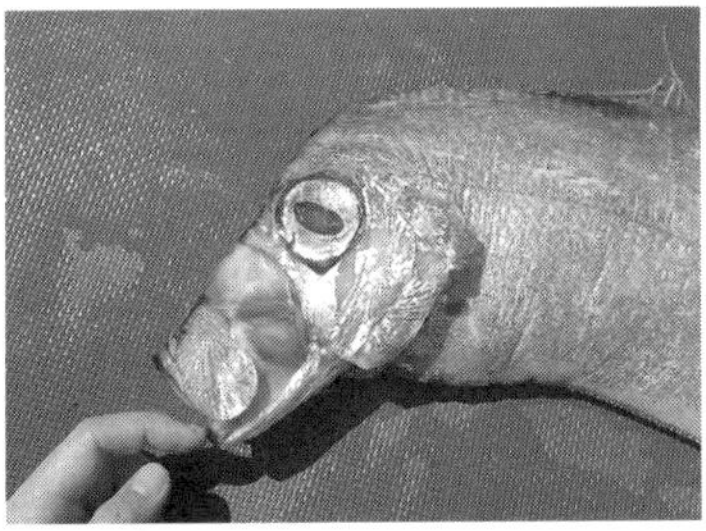

口が伸びる!

サケガシラの顔。瞳が猫のように細い。

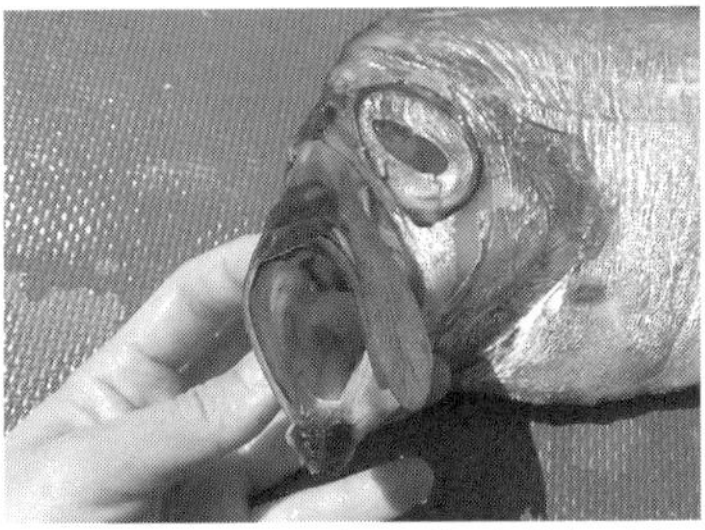

カライワシ目のイセゴイなどにも似た口元。

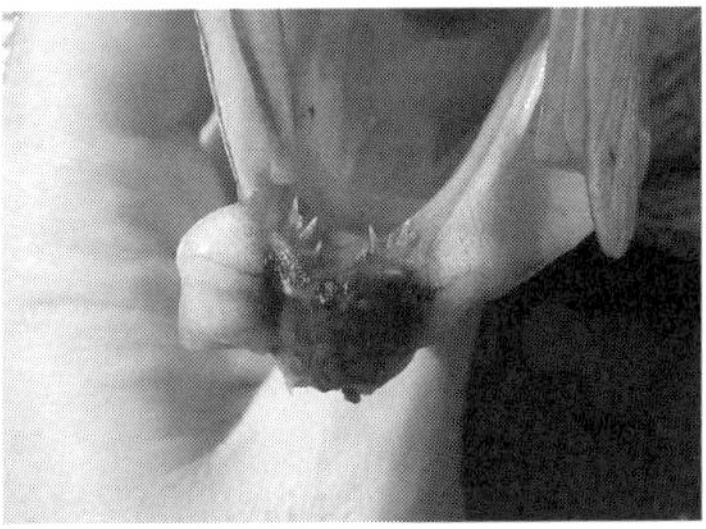

意外にも小さい牙が生えている。

いると言われている。このような遊泳スタイルだと、あまり立派な鰭は必要ないのかもしれない。こう言うとサケガシラさんに大変失礼だが、廉価版リュウグウノツカイといった感じの印象である。

よく見ると、顔立ちもリュウグウノツカイとはけっこう違う。眼が大きく、瞳が猫のように細い（リュウグウノツカイの瞳は丸い）。深場にいるときは大きく丸く広がるのかもしれないが。

もう一つ、頭部に大きな特徴がある。口がにょーんと伸びるのだ。にょーんと。浅場の魚で言うとヒイラギやマトウダイにも見られる仕組みだ。この口で漂うイカや小魚を吸い込んでいるのだろう。

小さな牙も生えている。これはリュウグウノツカイにはない特徴らしい。リュウグウノ

普段は裂けているようには見えないが…

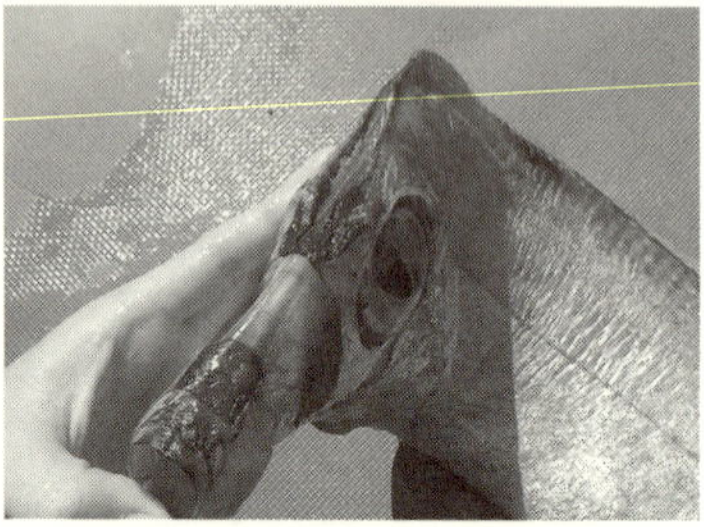

口を伸ばすと額に収まっていた骨がスライドして

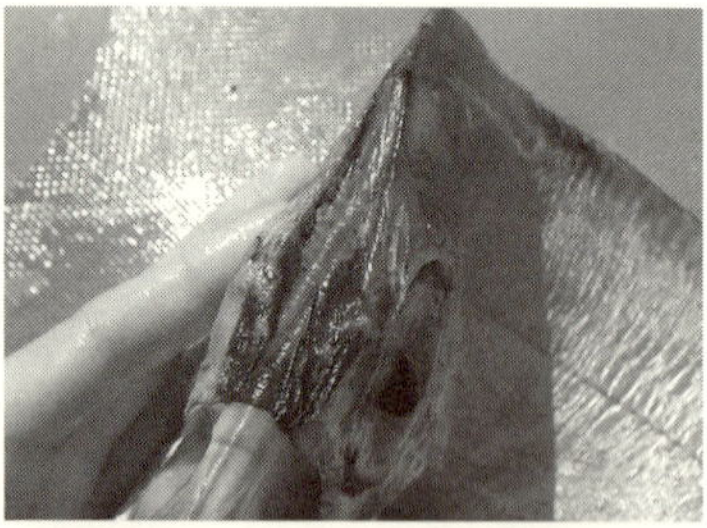

溝が現れる。

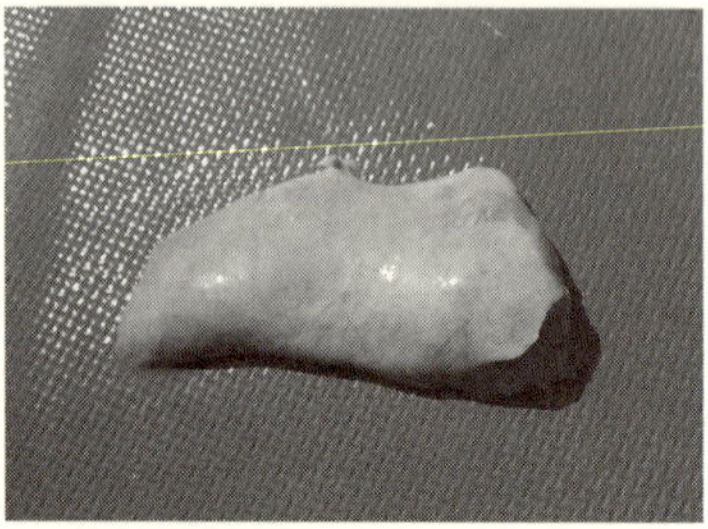

肝は大きく脂っこい。色はサウザンアイランドドレッシングのよう。

ツカイが主にオキアミのような小型プランクトンを食べているのに対して、サケガシラはもう少し大きくて活発な餌を採るので、そういった食性が反映されているのかもしれない。

「鮭頭」？　「裂け頭」？

ところで、サケガシラという奇妙な名前の由来には諸説あるようだ。

まず額の辺りに溝のような切れ込みがあることから「裂け頭」となったという説がある。

他方で、北米等にはサケガシラによく似た近縁の魚がいて、その魚が近海で捕れ始めるとそれに続いてサケの群れが河川を目指して外洋から大挙して接岸してくるという。このことから、その魚にはキングサーモンならぬ「キングオブザサーモン」という名前が付けられている。意訳すると「サケの頭領」すなわち「鮭頭」とすることができる。

そのエピソードが日本に伝わり（あるいは類似の話が日本でも発生し）、姿かたちのよく似たあの魚に「サケガシラ」の名が付いたと見るほうが自然だし、無理がないと個人的には思うのだがどうだろうか。

観察はこれくらいにして身をおろしていく。身は乳白色に濁っており、非常に軟らかい。一方で銀色の皮は意外と厚く固く、ややさばきにくかった。骨も柔らかく、小さな包丁でもサクサクと断つことができた。

試食！　水っぽい！

そういえば二〇一四年一月に、ツイッターでリュウグウノツカイの試食レポートが大きな話題を呼んだことがあった。それによるとリュウ

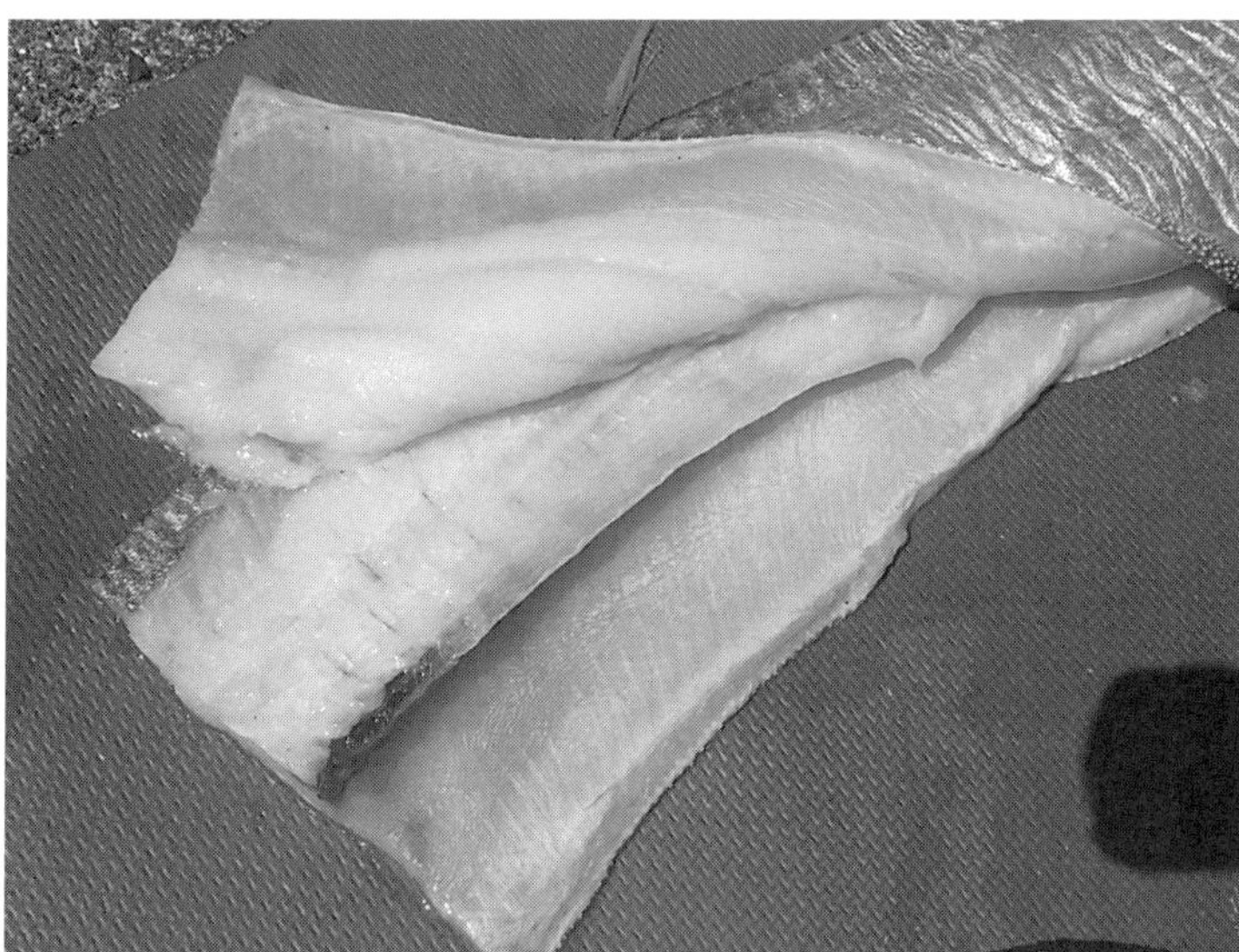

身は真っ白。

まずは刺身!　ゆるい!

グウノツカイはなかなか美味しかったようだが、こちらはどうだろうか。手始めに刺身と塩焼きで試してみよう。

刺身は一見するとタチウオのそれに見える。しかし、よくよく見ると皮がブツブツで厚く、身の色も違う。そして、身は軟らかいくせに皮はやたらしっかりしているので、薄切りにするのがとても難しい。見た目はさほど悪くない。では、肝心の味はどうか。

味自体はマズくない。脂もある程度乗っているし、旨味もある。だがいかんせん水っぽすぎる。一言で表すなら「ゆるい」。

また、一緒に試食した友人曰く「食感はタコの皮の裏のにゅるにゅるした部分みたい」とのこと。なるほど、的を射ているかもしれない。

刺身がこれでは嫌な予感しかしないが、とりあえず塩焼きにもしてみよう。

もともと 200 グラムほどあった切り身が…

干し網に入れて干す。美味しくなーれ。

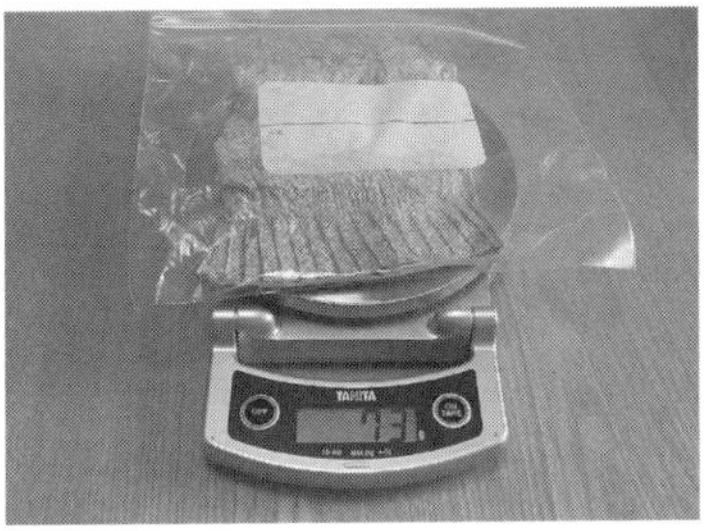

一晩でたった 70 グラム程度に!

一晩で紙みたいに。

面白いことに、焼くとタラに近い味わいになった。ただし、やはり案の定、水っぽくて身が軟らかすぎる。

刺身と塩焼きは正直言って「まあ食べられないことはない」という程度の味である。漁師さんが海に帰すのも納得だ。他にもっと美味しい魚はいくらでもいるのだから。

しかし、いまいちパッとしない理由はわかった。ひとえに、水気の多さゆえの身のゆるさが問題なのだ。工夫次第でこの点さえなんとかすれば、ある程度美味しく食べることはできそうだ。

一晩干すとペラペラに!

魚肉の水を飛ばすといえば、まず思いつくのが一夜干し。そのままでは身が軟らかすぎるカマスなどの魚も、身が締まるうえに旨味が強く

あんなに水気が飛んだのに、炙ってもなおしっとりしている。

なる。これはサケガシラにも通用するのではないか。

というわけで干し網に切り身を入れ、一晩干してみた。すると、うすうす予想はしてたけども驚くべき変化が！　紙みたいにペラッペラになってる！　たった一晩干しただけで三分の一程度の減量に成功。それだけたくさんの水分が飛んだのだ。

そして、それでもなお身は充分しっとりしている。どんだけ水分多いんだ……。

だが、これで身の締まりと味の濃さは単純計算で三倍になった。食味にも明らかな変化があるはずだ。炙って食べてみよう。

食感はあれだけ水分が飛んだとは思えないほど軟らかいが、そのまま焼いたものと比べると段違いにしっかりと締まった。違和感のない舌触りになっている。

煮つけ。見た目は美味しそうだ。

さらに特筆すべきは味だろう。旨味が強く、干し鱈やアタリメのような味わい。舌先にアミノ酸をバチバチと感じられる。これはハッキリ美味しいと言える。やはり水を抜く作戦は正解らしい。

次は干さずにそのまま煮込んで身を締めてみよう。普通の煮つけよりも長めに煮てやるのだ。すると、やはり魚自体の味が濃く感じられるようになった。美味しい。身の固さはカレイの煮つけよりまだ若干軟らかいくらいか。これも人に出せる程度には良い味だ。

さあ、これでサケガシラの味も美味しい食べ方もわかった。めでたしめでたしである。

と、ここで終わってもいいのだが、もう一つオマケにあのやたら脂っこい肝も食べてみよう。普段、釣った魚の肝はよっぽど新鮮なもの、確信の持てるものしか食べないようにして

肝も煮つけで。ある意味、バラムツよりも食べるのに勇気を要した。

いる。これは、肝臓が非常に傷みやすく、高濃度のビタミンAなど毒素を溜め込んでいる場合もあるためである。実際、深海鮫の肝臓をたくさん食べてお尻から肝油を垂れ流した経験もある。……だが、今回は滅多にない機会なので覚悟を決めてあえてチャレンジ。

料理法はやはり煮つけにするが、さすがに鮮度が気になるので臭い消しのためにショウガを強めに効かせた。

煮ていると内部から油が染み出してくる。この油の色が面白い。薄くピンクがかった橙色、薄いラー油みたいな色なのだ。

恐る恐る口に運ぶと、こってりと濃厚でなかなかに美味。脂っこさは伊達じゃない。酒によく合いそうだ。ショウガのおかげか、臭みもあまり気にならない。ただし、味が強すぎてあまりまとまった量は食べられない。チビチビつついていたらすぐに満足してしまった。

身は水っぽくて薄味、肝は脂っこくて濃厚。もうちょっとバランス取れなかったのか。もっともっと新鮮なうちに肝を取れれば、マンボウのように肝和えにしても美味しく食べられるかもしれない。

今回、釣り船の船長や漁師さんの協力のおかげで憧れのサケガシラを丸ごとさばき、食べるという貴重な体験ができた。次回こそは、ぜひ元気に泳いでいる姿を見てみたいものだ。

肝も意外と旨い！　けど濃い!!

深海にいることが多いマダラも、産卵期やその直後は水深 100 ～ 200 メートルの浅場に寄ってくる。

「深海魚」の定義

当たり前に使われている「深海魚」という言葉だが、実ははっきりした定義がなかったりする。

そもそも、深海という単語からしてかなり曖昧である。まあ一般的には水深二〇〇メートル以深のことを指すので、それを基準に考えるなら、深海魚とは「二〇〇メートル以深の海中に生息する魚類」ということになる。

一見簡潔明瞭だが、冷静に考えてみると腑に落ちない部分もある。魚の中には大きな垂直方向の移動（鉛直移動）を行うものも多く、深海と表層を頻繁に行き来するものも少なくないのだ。特定の季節や時間帯に餌を追って浅場へ浮上するサケガシラやバラムツなどが良い例である。

磯や漁港に多いダイナンアナゴを水深 350 メートルから釣り上げたこともある。

アンコウの生息水深も幅が広い。深海底曳網に掛かることもあれば水深数十メートルで獲れることも。

また、ダイナンアナゴなどのように適応力が強く、水深一メートル未満の浅瀬から深海まで幅広く生息する種もある。こうした魚を深海魚と呼ぶか否か。明確な定義がない以上、そこは個人の裁量によることになるのだろう。

でも、さすがに一時的に深海へ潜行するようなクロマグロやマンボウを深海魚として扱うのはなんだかおかしい気もする。彼らは浅場の魚としてのイメージが確立されてしまっているし。ではメカジキは？　イシナギは？　……判断に困る魚種も多い。現状、その辺は各人の考えに任せる、と言う他あるまい。

サケガシラ

超新食感!
浜辺で拾える
深海魚ミズウオ

砂浜で深海魚が拾える。数年前に静岡でそんな信じられない情報を仕入れた。しかも、その魚の食感はひどく特徴的で、一度食べると良くも悪くも忘れられないというではないか。

それは興味深い。ぜひぜひ拾おう。食べよう。

景勝地で深海魚拾い

深海魚が拾えるスポットは、静岡が全国に、いや世界に誇る景勝地、三保の松原周辺の海岸であるという。

こんな観光名所に深海魚が転がっているなんてことが本当にあるのだろうか。半信半疑のまま数度にわたってこの浜へと脚を運んではみたものの、なかなか遭遇できずにいた。

その魚は名を「ミズウオ」というのだが、どうやらこの魚を見つけるには潮の大きさが重要で、大潮とそれ以外では浜に打ち上げられる数

これがミズウオ。

こんな装備で臨む。防寒具とライトは必須。まだ波打ち際で泳いでいるミズウオを発見したときのために釣竿も用意。

が歴然と違うらしい。そう聞き知ってこそいたもののなかなか都合がつかず、大潮に合わせて挑むことが出来ずに悶々としていた。これまでの空振りはすべて長潮か中潮の探索行であったのだ。ところが二〇一三年一月二五日、ついにこの満月の大潮に三保の松原へと出向くことができたのである。今日こそは、と期待が高まる。

ミズウオ拾いは夜間に行う。地元民が言うには日中より夜間に接岸することが多いらしいのだ。実はさらにもう一つ重要な理由があるのだが……。その件については後ほど述べていく。

発見!!

三保の松原とて、冬の夜とあっては一人の観光客も見当たらない。プライベートビーチ

大きく開いた口に鋭い牙。夜の浜辺で出会うには恐すぎるルックス。

と化した世界遺産を舐めるように徘徊する。探索を始めて約二時間。ミズウオはいっこうに見つからない。また今回も空振りなのかと不安に思っていると、黒く焦げた流木が目に付いた。焚火の跡か。気にも留めず通り過ぎようとすると、流木にあるまじきモノが見えた。

「尾鰭……?」

まさか。と駆け寄ると、そこには子どもが見たら泣き出しそうなほど怖い顔をした魚が横たわっていた。ミズウオだ。流木じゃなかった。

大きく裂けた口に長く鋭い牙が並ぶ。照らされた目も異様な光を放っていて不気味だ。しかもけっこう大きい。一二〇センチメートルくらいあるだろうか。

やっと見つけた。数年越しの願いが叶った瞬間だ。嬉しくて嬉しくて、写真を何十枚と撮った。が、家に帰って見直すとブレまくり、ボケ

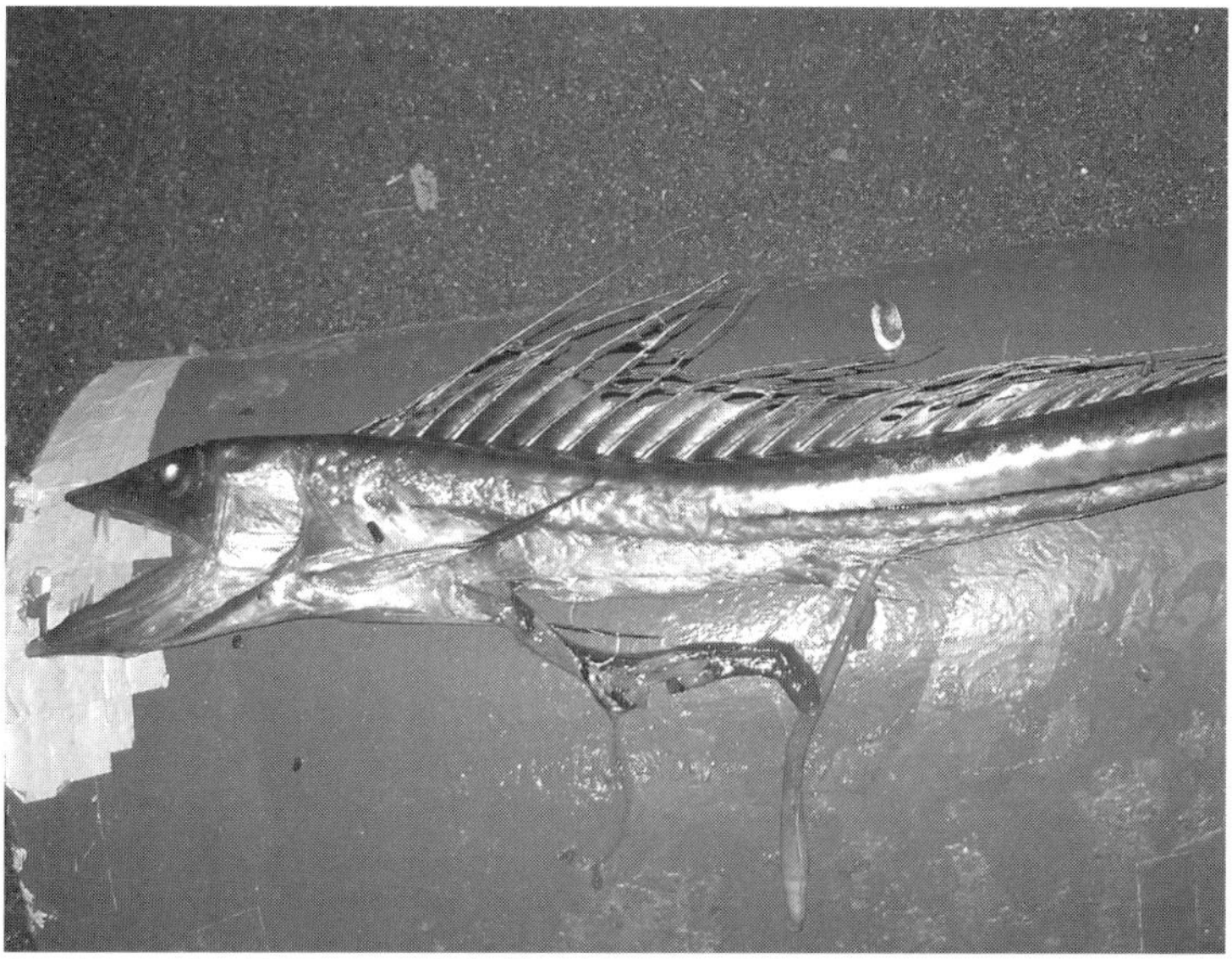

体長は１メートル以上あった。背鰭が傷んでいたのが残念。

まくりで、まともな写真は案外少ない。はしゃいでいるときにありがちなミスである。

それにしても、ちゃんと大潮の晩を狙いさえすればわりとあっさり見つかるものなんだなー！　今回たまたま運に恵まれただけなのかもしれないが。

ミズウオといえばバショウカジキのように立派な背鰭を持っていることで知られている。しかし、残念ながらこの個体のそれはかなりボロボロであった。打ち上げられた際に暴れて傷んでしまったのだろうか。

ヒメ目ミズウオ科ミズウオ属に分類されるこの魚は、かなりの悪食で有名である。海中で目に入った物はなんでもかんでも食べてしまうそうで、胃袋からは多種多様な生物や、ときには枯葉や木の枝、果てはビニール片など人工的なゴミまで出てくるという。

お腹が破れて魚の尻尾がはみ出していたので開いてみると、ギマ３匹とユメナマコが出てきた。

ということは、もしかしたら他の深海魚を飲み込んでいるかもしれない。そんな「お土産」を期待して腹を裂いてみる。

胃袋からはギマという魚と、クラゲのようなウミウシのようなぷるぷるしたピンク色の謎の物体が出てきた。どうやら、このえげつない色をした謎の物体はユメナマコという深海性の棘皮動物らしい。なかなか気の利く手みやげを持ってきてくれたものだ。

ここで、おかしなことに気づく。腹から出てきた生物はいずれも、ほぼ無傷である。あの鋭い牙を持ちながら、獲物を丸飲みにしているのだ。確かに獲物を押さえ込んだり噛み砕いたりするには、あの歯はいくらか長すぎる気もする。

よく見ると、ミズウオの歯は喉へ向かって多数伸びており、歯の形状も同方向へ緩く

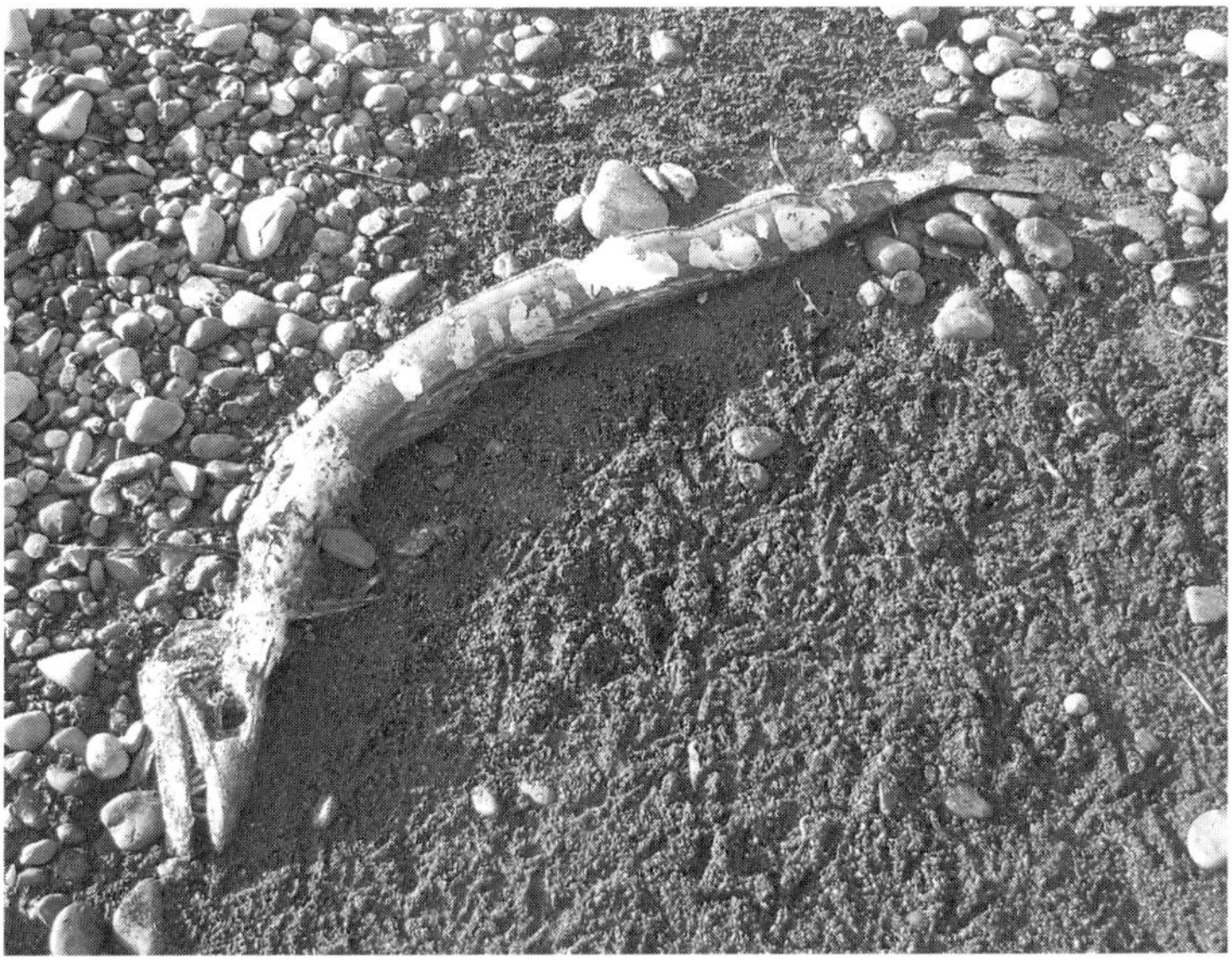
一歩遅かった…。無残な姿になっていたミズウオ。砂の上にはカラスたちの足跡が見える。

カーブしている。このことからこの牙は、飲み込んだ獲物を逃すまいとする「返し」、そして「鉄格子」として機能しているのではないかと思えた。

ところで、ユメナマコはともかく、ギマは比較的浅い場所に暮らす魚である。ということは、どうやらミズウオは本来の生息環境である深海から浅場に打ち寄せられても、食事はしっかり摂っているらしい。意外な発見である。そういえば、以前にタチウオを狙っていた釣り人がミズウオを釣り上げたという話を聞いたことがあったな。

拾ったミズウオはかなり新鮮だったので、持ち帰って食べることにした。ひとまず目標達成ではあるが、まだまだ捜索は続ける。できれば生きている姿も見たいからだ。

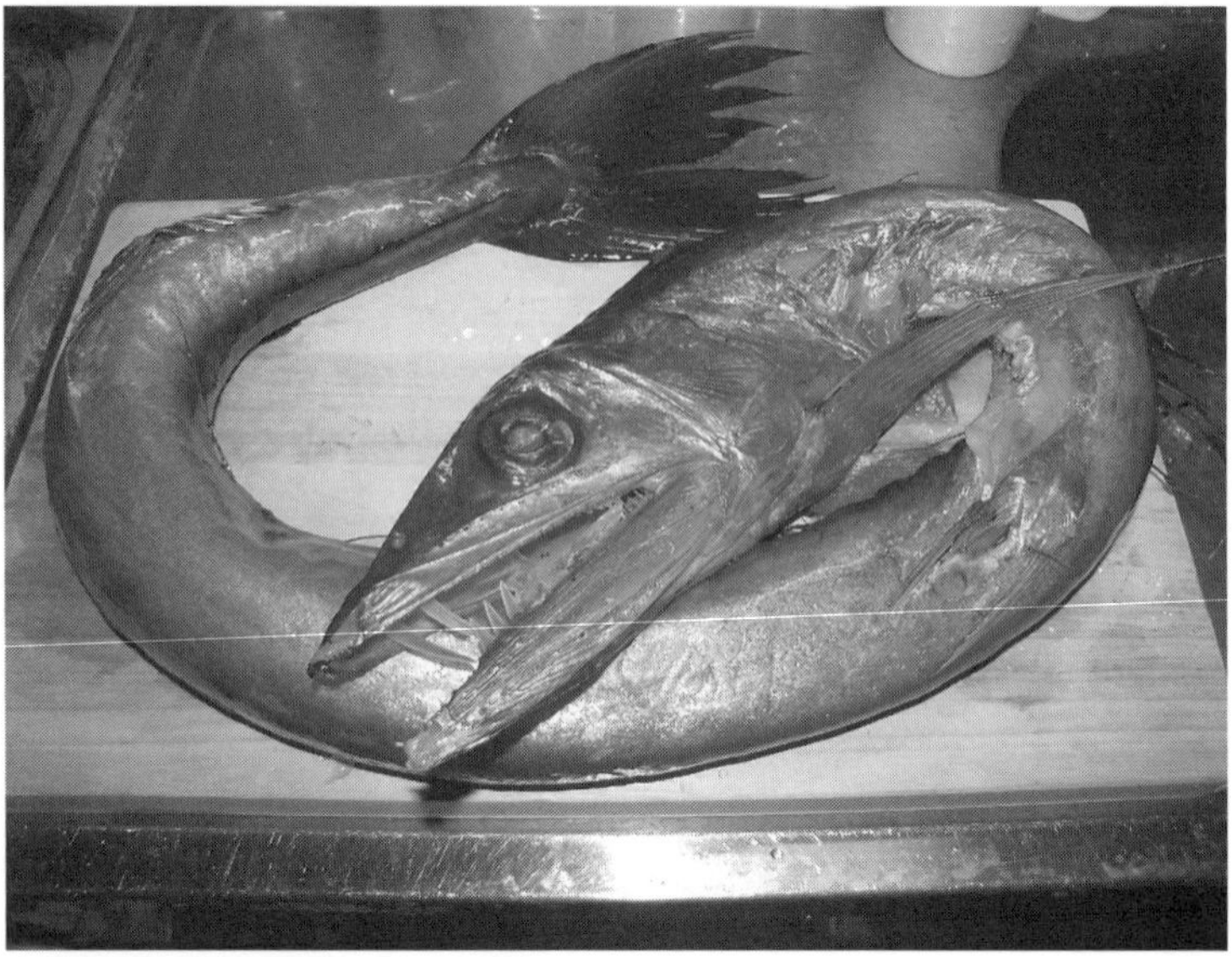

未知の魚というのは調理もワクワクする。

明るくなるとゲームオーバー

砂利浜を歩くこと七時間。ついに空が白んできた。

先ほど、捜索は夜間に限られると書いたが、その最大の理由は競争率の激化にある。ミズウオを食べたいと思う連中は思った以上に多いのだ。

といっても、僕のように物好きな人間が押し寄せるわけではない。鳥である。大きな魚体に軟らかい肉がたっぷり付いたミズウオは、腹を空かせた彼らにとって格好の獲物なのだ。

実際、夜明けを挟んで一時間ほど目を離したポイントにカラスが群がっているのを遠目に見て、大急ぎで駆け寄ったのだが、時すでに遅しであった。わずかに残された皮はまだしっとり濡れていた。たぶん、あと三〇分も早くここへ

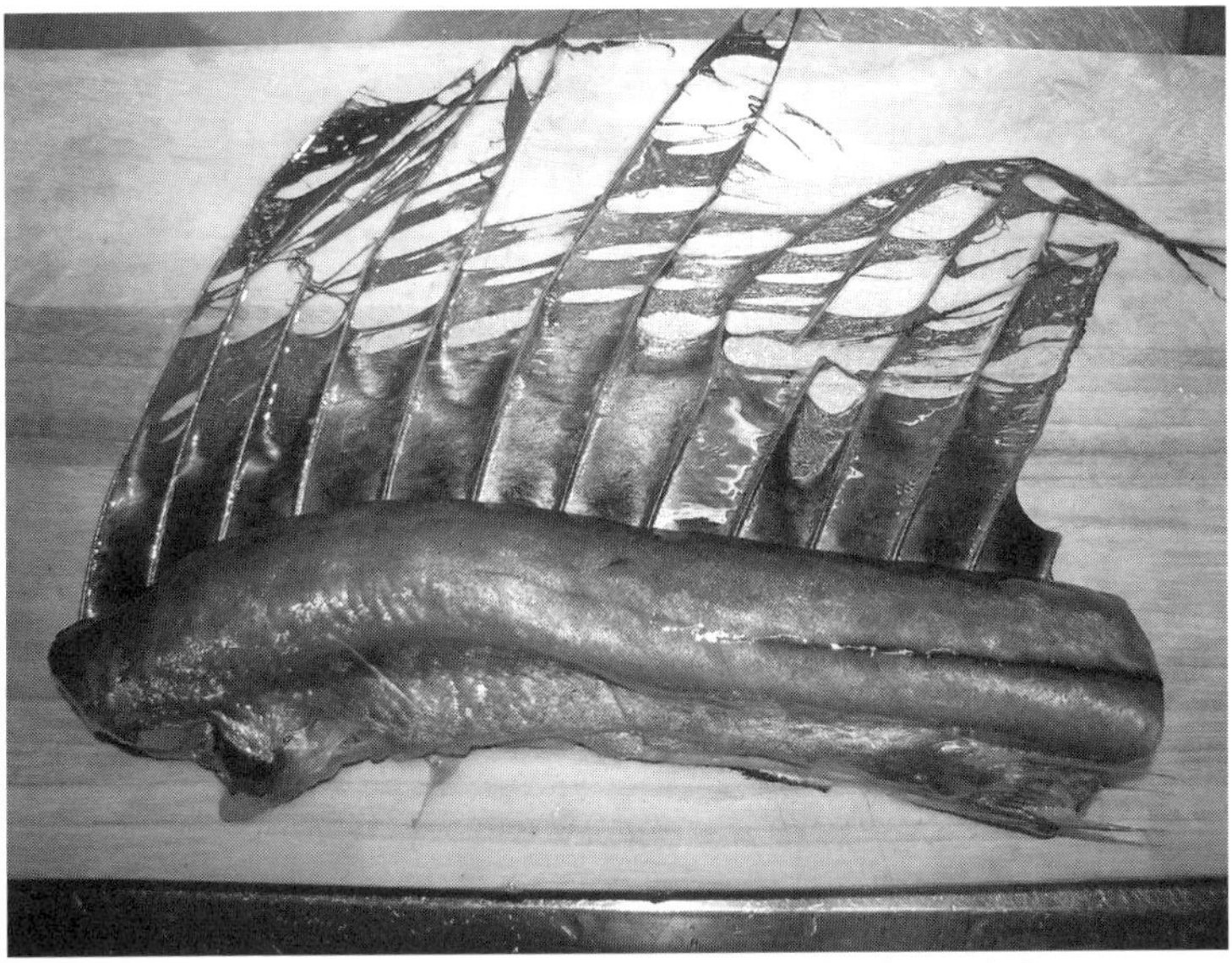

まな板に横たわる奇怪な物体。初見でこれを魚だと見抜ける人は少ないだろう。

来ていれば、カラスについばまれる前の、浜で元気にのたうちまわるミズウオを見られたに違いない。残念だ。

なお、一匹目と二匹目はほぼ同じポイントで発見したのだが、明るくなって初めてそこがあの有名な「羽衣の松」の真正面であったことに気づいた。伝説に登場する天女の羽衣とは、もしかしたらミズウオの背鰭のことだったのではないか、などと馬鹿なことをちょっと真剣に考えてしまった。だって、手が届かないのなら、天上も深海も似たようなものではないか。

水っぽすぎる！

さて、いよいよ家に持ち帰ったミズウオを食べる時がやってきた。一体どんな味なのだろう。まな板にミズウオを乗せると、とたんに台所が怪しい儀式の会場のようになってしまった。

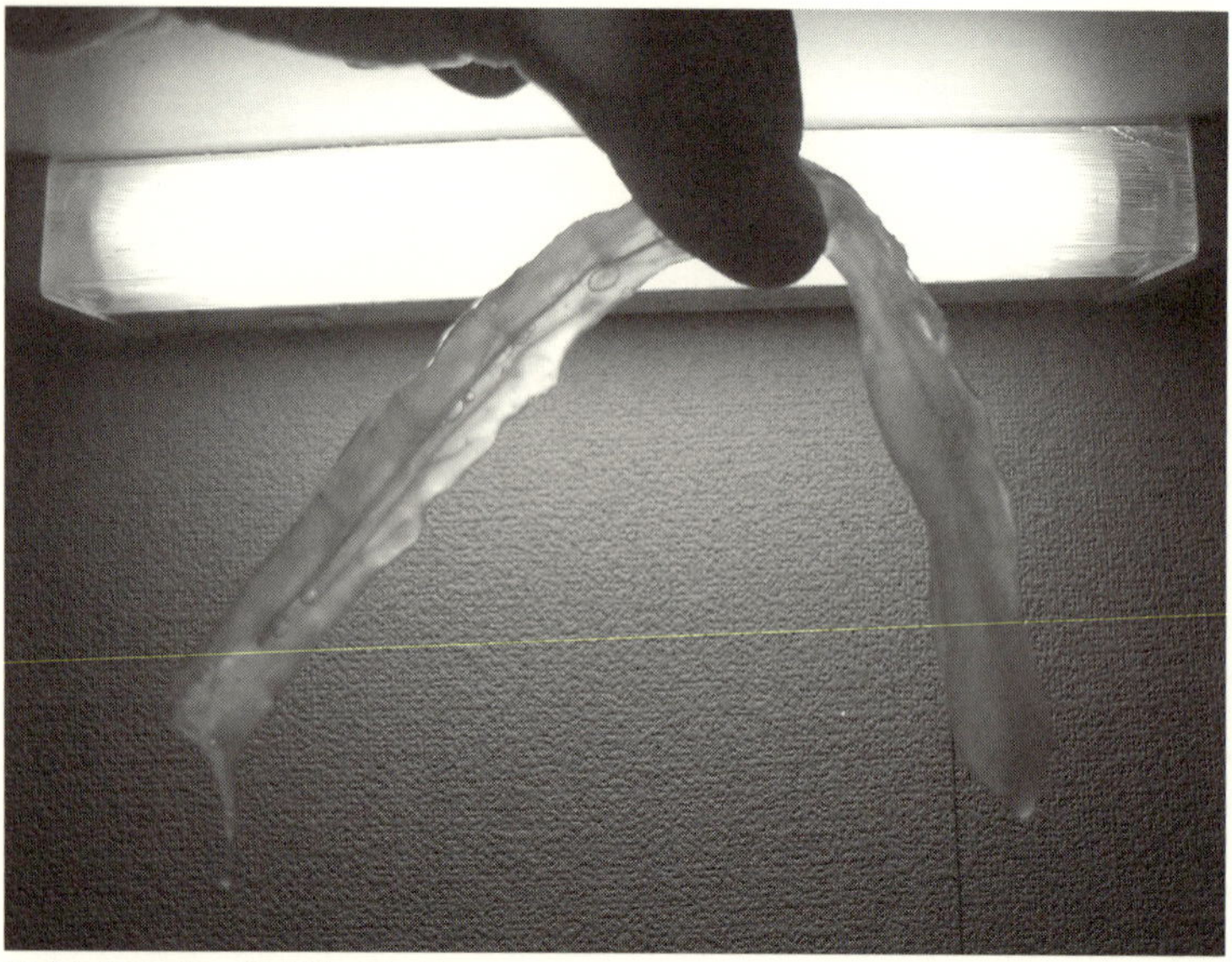

ミズウオの中骨。透き通っている。

面構えの不気味さに目が行きがちだが、頭と尾鰭がなくなったらなくなったで、今度は一見して魚だとはわからない異様な物体と化すミズウオ。しかも変なのは外見だけではない。包丁を入れてまず気づいたのが骨のもろさ。一メートル以上ある大型魚なのに、ほとんど抵抗もなく中骨を断ててしまったのだ。

それどころか、適当に刃を入れると肉といっしょに骨までスライスしてしまうので、おろしにくいことこのうえない。あえて切れ味の悪い包丁を使うことも考えたが、そうすると今度は軟らかすぎる身を切ることができない。そして、骨がやたら透き通っていて見づらいのも、さばきにくさに拍車をかける。しかも小骨が多いうえに、皮目へ食い込むように厄介な入り方をしているので、料理中も試食時も大いに泣かされた。

こうした骨の入り方は同じ深海魚だとクロシビカマスにも見られる。この魚は縁遠いながらもミズウオによく似た姿形をしており、水分の代わりに多くの脂肪分を含んだ軟らかな筋肉を持つ。また、ニョロニョロした魚体をくねらせて推進力を得るウツボやアナゴ類などにも同様な骨格が見られ、調理時に面倒な骨切りや骨抜きを強いられる。こうした例から、この複雑に張り巡らされた骨格は異様に脆い肉質や、しなやかに大きくうねる胴体を支持するための補強材として機能しているのではないかと僕は考えている。

頑張って調理を進めていると、ある異変に気づく。まな板の上が水浸しになっているのだ。どうやらこれはミズウオの身体から浸み出した水分らしい。それもそのはず、「ミズウオ」という名はこの身肉の水っぽさに由来しているのだ。噂には聞いてはいたが、まさかこれほどとは……。

水圧の高い深海ではガス交換が困難となるため、一般的な魚類のような鰾による浮力の獲得が難しい。そこでミズウオは水分を大量に蓄えることで身体と海水の比重を同調させ、浮力を調節しているのだろう。こうすれば鰾を持たずして遊泳を行うことが可能となる。もしミズウオが鰾を持っていたなら、浅瀬に打ち上げられる際に急な水圧変化によって内部の空気が膨張し、絶命してしまうかもしれない。

魚とは思えない食感

待ちに待った試食の時である。

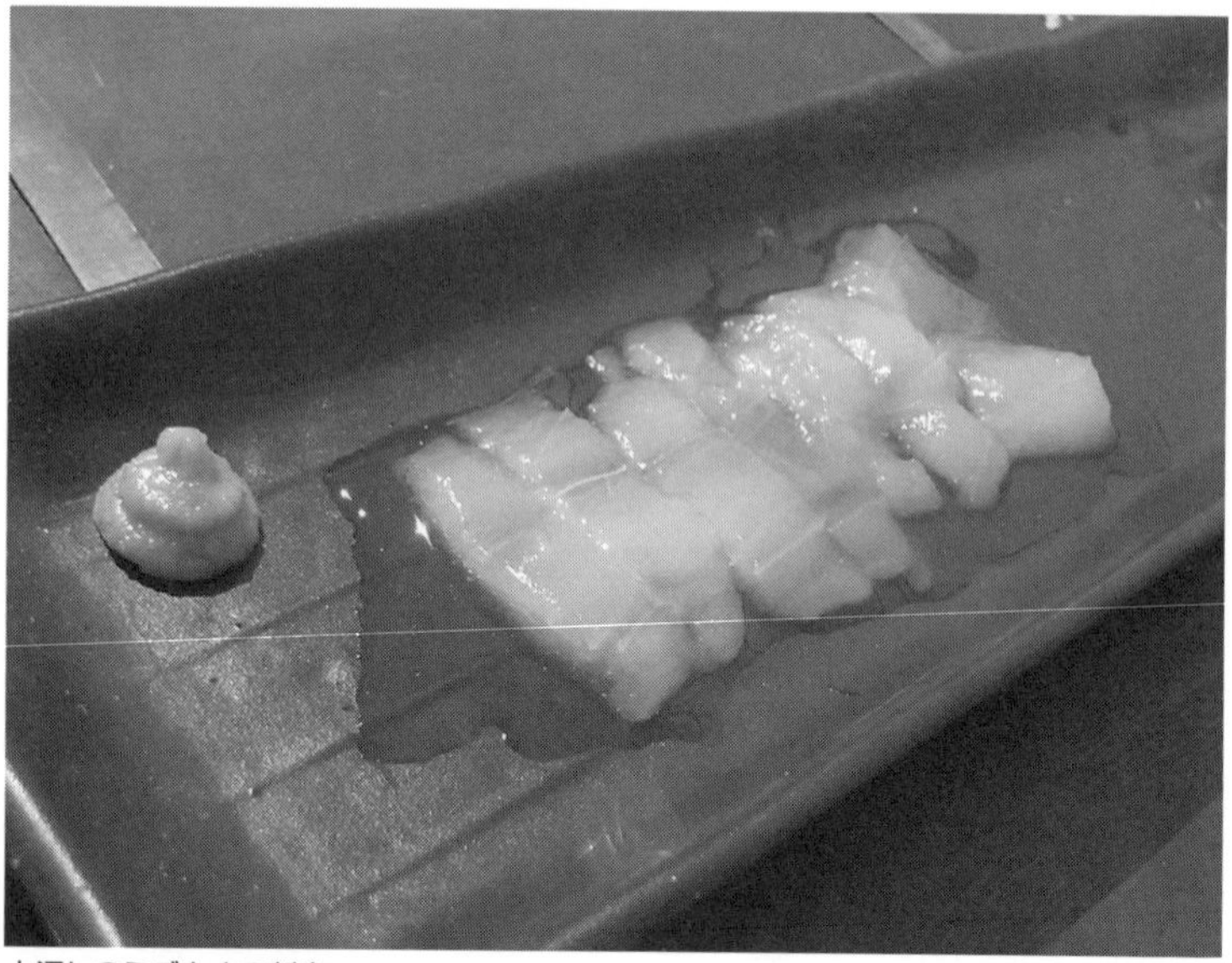

水浸しのミズウオの刺身。

まずは、素材の味を見極めるべく刺身でいただく。が、皿に盛りつけると、見る間に水が出てきて焦る。もっとしっかりクッキングシートで水を切っておくべきだったか。そのまま消えてなくなりそうな気もするが。まあ、とりあえず水浸しである点を除けば、見た目は悪くない。フグの刺身に水ぶっかけました！　といった感じである。

だが、舌に乗せると非常に味が薄い……。そして噂通り奇妙な食感だ。ナタデココのようなコンニャクのような、しかしどちらともはっきり違う。擬音で表すなら「クニュクニュ」という感じである。そして、噛めば噛むほど水が出てきて口内が潤ってしまう。ウォータリング深海魚だ。

しかし、ここでふと気づいた。独特の食感だが、僕は以前にこれとよく似た刺身を食べたこ

揚げものにしてマズい魚がいたことに困惑する。

ミズウオビフォーアフター。透明感のある身を焼くと、白く縮んでしまった（上）。

とがある。そうだ、マンボウのそれだ。学生時代に館山で行われた研究室の合宿で食べたのだが、味はないわ、水っぽいわ、小皿の醤油はすぐ薄くなるわで、周囲にはことごとく不評だった。叩いた肝と和えて多少の旨味を足せばそれなりに食べられる味になるのだが、結局誰も手を着けず、僕だけでほとんど全部食べ切ったのを覚えている。ミズウオの刺身も他人にふるまえば、同じ扱いを受けるのは想像に難くない。そんな味だ。

続いて焼き魚にしてみたのだが、まあ想像通りずいぶんと縮んでしまった。

意外と弾力があって、箸でむしれなかったのでかぶりついたところ、肉汁というか水が、どばどばと口に流れ込んできた。水分、まだ抜けきってなかったのか！

ブリブリとかなりしっかりした歯ごたえがあるが、魚の食感ではない。味は水分が多少飛んだためか、刺身と比べてかなりはっきりしていた。なんというか、滋味の薄い貝類のような味わいである。

次はから揚げだ。どんな魚でも、毒さえなければ揚げたら食える。それが持論だったのだが、このたびついにミズウオによって覆された。

どんなにしっかりカラッと揚げても、あっという間に衣がビショビショにふやけてしまうのだ。しかも肉汁が多すぎる！　熱々のうちはまだなんとか食べられるが、ちょっとでも冷めてしまうとぬるい水が「ブシュ！　ヂュル……」と舌の上に流れ出して、気持ち悪いことこのうえない。この魚でフライを作っても、絶対にお弁当に入れてはいけない。

さらに驚いたのは、背骨の中からも水が飛び出してきたことである。何なんだ、この魚は。

ところで、ネットや書籍でこの魚を調べると、「ミズウオを煮ると肉が溶けてしまう」という記述が頻繁に見られる。その真偽を確かめるべく、シメに煮魚を作ってみることにした。ただし、本当に溶けてしまったらもったいないので、尾の身を少しだけ使って。結果は「溶けるというより水分が抜けて縮む」というものであった。体積にして、三分の二から二分の一くらいになっただろうか。肉を失った部位の骨が大きく露出してしまった。

味のほうは案外美味しい。煮えた身はパサついたゴマサバのようだが、皮がブリブリとした弾力を持ち、なかなか面白い味わいである。次回からミズウオを拾ったら、主に煮つけにして消費しよう。

調理と試食を経て、一つの大きな疑問が解けた気がした。「そもそもなぜ魚類のくせに座礁するのか」という謎である。

ミズウオの打ち上げについては海面が冬の冷気に晒されることで生じる湧昇流が原因であると考えられる。打ち上げが集中する駿河湾は沿岸付近から深海へ急激に落ち込む特殊な海底地形である。こうした地形で深海から湧昇流が生じると、深海魚が水塊ごと一気に浜辺まで吹き上げられるのだろう。

だがそれだけではミズウオという魚だけがこれほど頻繁に座礁することの説明にはならない。湧昇流に加えて、あの脆弱な魚体が大きく関与しているに違いない。あまりに水っぽく、魚体に対する筋繊維の量が少なすぎるクラゲのような魚体は、遊泳力に大きく欠けているのだと考えられる。そのため、湧昇流にも、上げ潮にも、果ては波打ち際の白波にも押し負けてヤシの実のように漂着してしまうのではなかろうか。

低水温期限定の遊び

三保海岸では、一シーズンに数百匹もの個体がまとめて採集されたこともあるという。ただし、この現象が頻繁に見られるのは主に冬から春にかけてのみである。低水温期の大潮の晩、興味のある方は観光ついでに三保半島へ出かけてみてはどうだろうか。

良くも悪くも新食感でした……。

COLUMN

ミズウオの胃袋から出てきたショウサイフグ。深海魚ではなく沿岸に棲む魚だ。

ミズウオの胃内容物は深海汚染の指標となるか？

その後も、僕はさらに数匹のミズウオを拾得し、それらの腹を割いてみた。しかし、見出されるのはギマやショウサイフグなど沿岸性の強い魚種ばかり。残念ながら思い描いていたような珍しい深海生物は全く見つからなかった。

しかし、これはある意味ではとても興味深い結果である。やはりミズウオは打ち上げられる間際にも表層で採餌している可能性を強く示唆するものだったのだから。さらには、ルアーを飲み込んでいる個体までいたのが決定的だった。サイズや形状から、釣り人が岸から投げたものと見て間違いない。ミズウオが岸際で捕食行動をとっていることを示す証拠である。

また、ビニール片を飲み込んでいる個体も確認できた。さすが悪食のミズウオ、打ち上げられた個体の腹からこ

この個体は小魚の形をしたルアーを飲み込んでいた。

ビニールやプラスチック片を飲み込んでいることもしばしば。

うした人工物が見出されることも少なくないのだ。

そういえばこの現象に関して、「おや？」と思う新聞記事を見つけた。深海魚であるミズウオの胃から人工物が頻出するということは深海底が実はゴミだらけなのでは、というのだ。

僕も実際に深海底を視察してきたわけではないので、その可能性を頭ごなしに否定することはできない。しかし、個人的にミズウオの胃内容物から深海の汚染具合を推測するのは難しいのではと考えている。なぜなら先述の通り、この魚は深海だけでなく表層の餌も確実に採っているためである。彼らの胃から見出されるゴミのほとんどが表層を漂っていたものである可能性も充分考えられるのだ。いや、比重の軽いビニールに限れば、そう考えたほうが自然であるかもしれない。

ミズウオを海洋汚染の指標生物と捉えるならば、むしろ表層を含む海洋全体の汚染を推し測るための材料とすべきなのではないだろうか。

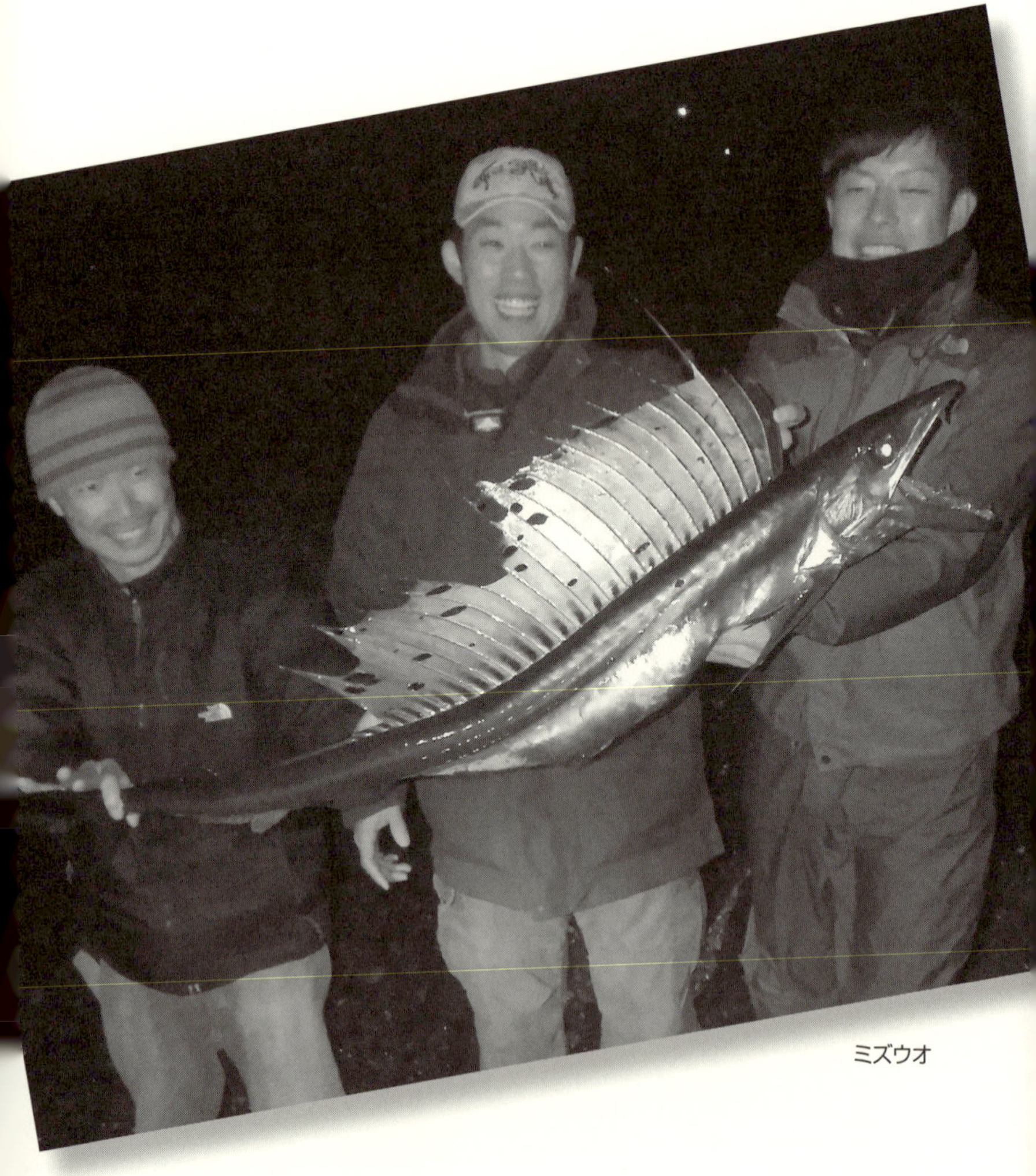

ミズウオ

深海の
巨大タチウオ！
オキナワオオタチ

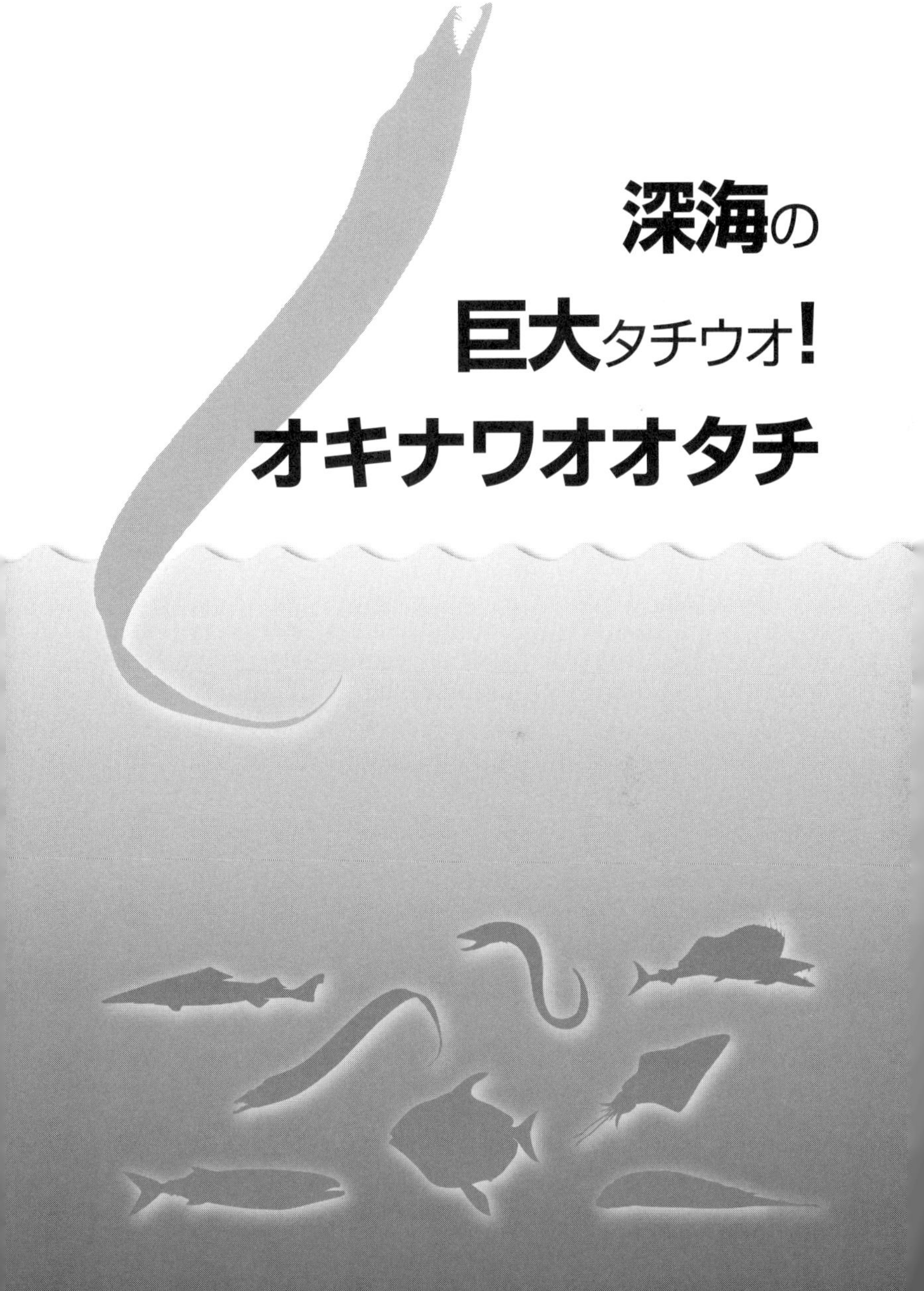

タチウオ。その名はそのまま「太刀のような魚」を表す。頭部を上方へ向け、立つように泳ぐことから「立ち魚」のダブルミーニングであるとも考えられる。シルエットから輝き具合まで本当に日本刀そっくり。刀に擬態してるんじゃないかと思えるほどだ。また、太刀の刃渡は一般的に二尺以上三尺未満であるというから、日本近海で漁獲される平均的なタチウオとちょうど同程度の長さである。つくづく上手い名を付けたものだと感心せざるを得ない。

が、太刀の生まれた大和を離れ、琉球の深海へ目を向けると、そこにはもはや太刀とは呼べぬ巨大なタチウオが泳いでいる。全長二メートルに達する「大太刀」が。

その「オキナワオオタチ」は、一見すると本土のタチウオをそのまま巨大化させたような姿をした魚である。沖縄近海においては比較的新顔扱いされている魚で、存在が広く認知されたのは一九九〇年代に入ってからのことだ。漁業協同組合が行った水産資源調査の際にまとまった量の生息が確認され、積極的に大規模な漁獲が開始された。大型のタチウオは本土の市場でも非常に喜ばれるためである。

しかし、漁が行われた期間は一九九三～九七年の五年間のみであった。近代漁業はたった数年の操業で、この新たな水産資源を捕り尽くしてしまったのだ。この事実から、おそらくこの魚は成長が遅く、成熟に長い年数を要する種であることが推し量れる。ひとたび乱獲の憂き目に遭えば、個体数がなかなか回復しないということである。

こうして、オキナワオオタチが沖縄で商業漁業の対象となることは、もはやなくなった。現在では他魚種を狙った延縄で混獲された個体が、わずかに県内の市場で流通する程度である。そしてその結

これがオキナワオオタチ!

果、また沖縄近海にこの魚が戻ってきており、新たな形での利用が盛んになりつつある。遊漁の対象として釣り人たちの間で人気を集めているのだ。

確かに過度な漁獲圧を掛けてしまいがちな商業漁業に対し、個人が行う遊漁では一回の出船で良くて数本釣り上げる程度である。資源量へのダメージは格段に少ないはずだ。このまま、せいぜい遊漁の対象として慎ましく利用していくべきなのだろう。もっとも、あまり盛んになりすぎて釣り人自体の数が激増すると、話は変わってくるのだろうが……。

タチウオは深海魚?

ところで、意外に思われるかもしれないが、タチウオ類の分類というのは非常に混乱しており、オキナワオオタチには未だ種小名がついていいない。「オキナワオオタチ」という和名も近年になってあてがわれた呼称である。この名が定着していない当時、漁師たちはこの魚を「深海タチ」と便宜的に呼び習わしていたようだ。そう、オキナワオオタチはタチウオよりも深場を好む傾向があり、水深二〇〇メートルを超える深海まで仕掛けを落として釣るケースが多いのだ。

ちょっと待って。見た目は大きさ以外、普通のタチウオと大差ないのに深海魚……？　深海魚ってもっとヘンテコな見た目じゃないの？　とお思いの貴方！　充分ヘンテコですよ！　タチウオって。みんな日常的に食べてるし、魚屋でも丸のままの姿をよく見るから感覚が麻痺してるだけだぞ。あの魚、冷静に見つめ直すと、めちゃくちゃ変だぞ。そもそもあの体型！　薄いし細いし。顔も牙とか生えてて怖いし。鱗も持たず、代わりになぜか全身鏡面仕上げ。魚市場を見回してもこんな魚って他にいない。雰囲気の似ている魚を挙げるとすれば、顔立ちならミズウオとかクロシビカマスとか、体型や体色ならサケガシラやリュウグウノツカイとか……。あれれ？　奇しくもみなさん深海魚。

そう、それもそのはず、実はオキナワオオタチに限らずタチウオ類のほとんどは深海を主な生活場としているのだ。タチウオは本土の堤防でひょいひょい釣れたりするが、むしろあちらが異端なのである。そのタチウオも、そこまで浅場に特化しているわけではない。普段は水深二〇〇メートル以深にも生息していて、特定の時期にだけ浅場へ浮上してくるのだ。適応できる水深が異様に幅広いだけである。また、あの咀嚼に向かない鋭い牙は、食物が少ない深海で生きた獲物を確実に捕食するために発達したのだろうとも想像できる。鱗がないのも、軽量化と柔軟性の獲得により無駄なエネルギー消費を抑えた結果の形態なのではないかと考察できる。細く薄い体型は燃費を抑えて泳ぐのに適しているのかもしれない。メッキのような光沢には、光の届きにくい深海においてわずかな光を反射したり、自身の輪郭をぼかすことで敵の目を誤魔化す効果があるのでは、などと想像してしまう。なるほど。そう考えてみると、オキナワオオタチは深海魚らしい特異な容姿と、身近な魚がそのまま巨大化した違和感を兼ね備えた、とても魅力的な魚であると言えそうだ。これは是非ともこの手で捕まえ、拝みたい。そして、食べたい。

何とか出船にこぎつける

よし釣ってやろうと情報収集をしていた矢先、突然あるテレビ番組から「オキナワオオタチを捕まえて料理してくれ」というオファーが来た。何だ、この僕のニーズにピンポイントストライクな企画は。しかも、本書でもソデイカの章に登場する小塚拓矢さんとの共演であるという。釣りが絡むロケは確実性に欠けるので、一人だと心もとないものである。釣りの上手い同船者がいるのは心強い。万が一結果が出なかった時に「あの人も釣れてないから……」と言い訳できるし。しかも、さすが予算潤沢なテレビ番組。釣り船は二日間もチャーターするという。二日間、二人がかりで挑めば良い魚を捕れる確率はかなり高くなる。

出船前夜、撮影隊と那覇で打ち合わせを兼ねて食事をとった際はすでに祝杯ムードが漂っていた。というのも、本土で船を出して行うタチウオ釣りは釣れて当たり前の釣りだからである。タチウオは

お世話になった釣り船「善海丸」（現・七海丸）。船長はまだ若いが、自力でオキナワオオタチの漁場を開拓してきた。

群れを作る魚なので、一度出船すれば二十本三十本、あるいはそれ以上釣れることも珍しくない。そんな魚をこれだけ万全の体制で狙うのだ。一匹も捕れないということはないはず。今夜はこのまま心穏やかに眠り、明日も平常心で釣りに挑めるだろう。沖縄本島に波浪の予報が出ているのがいくらか気がかりだが。

……翌朝、目を覚ますと番組のディレクターさんが暗いトーンで電話対応をしている。釣り船の船長から出船中止の知らせが届いたのだ。不安が的中した。この時点でオキナワオオタチを手にするチャンスは二分の一に減った。撮影隊に不穏な空気が漂い始める。だが、自然現象にガタガタ言っていても始まらない。釣りに限らず、生物を相手取るアクティビティーはこういうものだ。明日こそ出船できることを信じて、せめて調理器具など獲物が釣れた後の準備を進めておこう。

その夜、そわそわしながら床についた僕らは、明け方に目を覚ますなり沖縄本島北部、本部町の浜崎漁港へと出向いた。一足早く到着していた船長が笑顔で挨拶をしてくれる。どうやら問題なく出船できるようだ。よし、最悪の事態は回避できた。

港から三〇分ほど走っただろうか。船が何もない海の真ん中に停止する。どうやらここがポイントらしい。「水深二五〇メートルです。始めてください」船長の声がデッキに響く。

こういう、すでに釣り方もポイントも確立されている遊漁船での釣りというのは、自然条件を除けば八割方は船長の腕によって結果が決まる。東京海底谷の深海鮫釣りや富山湾のサケガシラ釣りには、多少なりとも釣り人がポイントの開拓や釣り方の考案に携わる余地があった。しかし、このオキナワオオタチ釣りやソデイカ釣り、バラムツ釣りなどにはそれがないのだ。基本的に釣り人は連れて行かれたポイントで指示通りに仕掛けを沈めればいいだけ。

釣りとして少し物足りないような気もするが、その分、釣果は格段に得やすい。改めてよく考えてみれば深海魚を釣りの対象として確立し、客を取るというのは大変なことである。この船の船長にしてもオキナワオオタチ釣りを軌道に乗せるまで、長い時間をかけて様々な試行錯誤を繰り返したことだろう。各遊漁船のそういった努力のおかげで、僕たちは気軽に生きた深海魚と出会える。感謝と畏敬の念を抱かずにはおれない。

それなりに釣れはするのだが……

さて、いよいよ仕掛けを結んで釣りを始める。仕掛けは本土のタチウオ釣りで使うものを流用する。オモリと針が一体化した「テンヤ」という漁具である。だが、相手が段違いに大きく、しかも深海ま

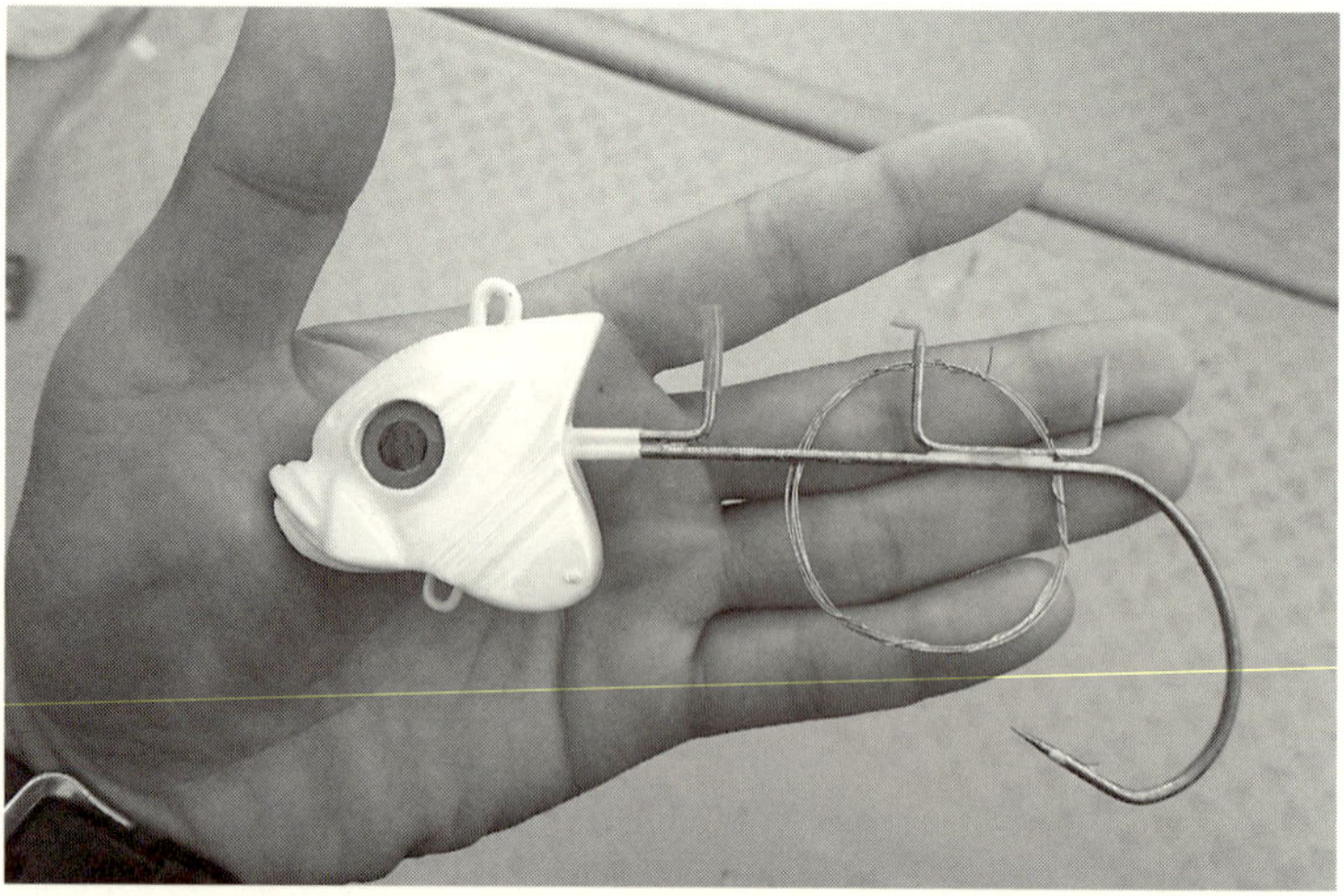

オキナワオオタチ釣りに用いる「テンヤ」という漁具。タチウオに齧り取られぬよう、針の軸に付いた突起に餌を突き刺し、針金で固定する。

で沈める必要があるのでとびっきり重く、厳ついものを調達してきた。本土では需要がなさすぎて、もはやオキナワオオタチの分布する沖縄の釣具店にしか並ばなくなったという品である。

「テンヤ」の全長は一五センチ。ちなみに、釣り針は全長一〇センチを超えると危険物とみなされ、手荷物として航空機内に持ち込めなくなる。これは危険物を深海に送り込む釣りなのだ。

だが、危険なのはこちらの仕掛けだけではない。相手もさるもの、他のタチウオ類同様、オキナワオオタチの歯は極めて鋭く、そして長大である。もしも安易に手で触れれば、いとも簡単に皮膚と肉を深く切り裂かれる。当然、この歯にかかればナイロンやフロロカーボン製の釣り糸などひとたまりもないので、対策として針はワイヤーに結わえる。こういった魚ごとの形態や生態に合わせた仕掛けを考案してきた先人たちの探求心にも頭が下がる。

餌には豪快にサンマの半身を。魚の頭部を模した部位は鉛製だが、深海までスムーズに沈むようにさらにオモリを追加。

仕掛けだけではない。餌だってダイナミックだ。巨大な針の軸には餌を固定するためのスパイクがついているのだが、これにサンマの半身を丸ごと一枚、針金で縛りつける。デカい魚にはデカい餌を。釣りの基本である。針金で留めるのは、やはり餌を歯で食いちぎられないための工夫だ。

仕掛けを投入して間もなく、僕の竿が曲がる。しかし、揚がってきたのはトガリザメの一種。即座に逃がしてやり、改めて仕掛けを落とすと今度はシイラが釣れた。どちらも仕掛けを沈める途中や回収の最中に浅場で餌をひったくって行った。魚類全般が好きな僕にはどんな魚でも嬉しい獲物になってしまうのだが、今は撮影中なのだから、そうはしゃいでもいられない。シイラは万が一、餌を使い切った場合の保険としてクーラーボックスに放り込み、釣りを再開する。

そうこうしていると、小塚さんの竿に魚が掛かったようだ。隣で見守っていると、海面に大きなタチウオが浮かんだ。オキナワオオタチだ！　観察させてもらう暇もなく、間髪を入れず僕の竿にも異変が。抜き上げてみるとやっぱりオキナワオオタチ！

あれ？　また小塚さんにも！　こうも立て続けに釣れるということは、やはりオキナワオオタチもタチウオと同様に群れを作る魚なのだろう。群れさえ探し当てれば、捕獲は難しくない。実際にこういう場面を見ると、乱獲で激減したという話にも納得がいく。

快調快調！　これはすぐに撮影も終わるだろう。僕らが乱獲してしまわないよう手加減しなければな！　……と調子に乗っている横でなぜかディレクターさんは渋い顔。え、どうして？

「ちょっとサイズが足りないですね……」

そう。ここまで釣れているのはいずれも一二〇～一三〇センチ前後の個体ばかり。確かに一般的にイメージされるタチウオと比較すると相当に大きいのだが、「巨大魚」としてお茶の間を沸かせるにはあと一歩迫力が足りない。特にタチウオのように細長い魚は映像や写真ではその迫力が伝わりにくいのだ。「全長二メートルとは言わないまでも、最低一五〇センチくらいのは釣れてくれんと……」とつぶやくディレクターさん。うぅ、せっかく声を掛けてもらったのだ、ここは期待に応えねば！

俄然、竿先に意識が集中する。

が、魚というのはこちらが気合を入れたからといって、それに乗っかってくれるものでもない。むしろ、熱意が空回りしているのか反応が遠のいている気さえする。ようやく僕に掛かったかと思えば、やはり先ほどと変わらぬサイズのオキナワオオタチ。ためらいなくリリース。小塚さんには深海鮫の

初オキナワオオタチは残念ながら小型。テレビ用に大きく見せようと必死に前へ突き出しているが、そんな小細工は虚しくなるだけだ。

一種であるフトツノザメの幼魚が。個人的には羨ましいが、ディレクターさんは相変わらず渋い顔。さらには餌のサンマまで使い果たしてしまった。予想外の苦戦である。

最後の一投に奇跡が!

そうこうしているうちに帰港時間が迫ってきた。「次の一流しで終わりにしましょう」と船長の声。なくなったサンマの代わりに、急遽さきほど釣ったシイラをさばいてテンヤに巻きつける。奇跡を信じて最後の一投。しかし、投入後数分が経っても反応はない。群れが去ってしまったのか。

もはやこれまでかという諦めムードが船上を包んだその時、胸の前で構えていた竿の穂先が「ヌヌヌンッ!」と勢い良くこうべを垂れた。反射的に竿を立てると、明らかに重量感が違う! これはたぶん大きいぞ! ほぼ確信してはいたが、あえて周囲には伝えず淡々とリールを巻いた。もし大物が来たと騒ぎ立てて、水面に浮いたのがまたサメだったりしたら、それこそもう目も当てられないことになってしまうか

ようやく釣れた大型のオキナワオオタチ。これならドラゴンと呼んでもおおげさじゃないかな?

らだ。

　それでも、これが本日最後の一匹になるのは間違いない。皆、この一匹が大物であると信じずには、祈らずにはいられないのだ。否が応にも期待の視線を背中に感じる。リールのハンドルを回し続けていると、水面に銀色のリボンが浮上した。これまでのものより一回り以上長く、そして太い。やはり大物ッ！　獲り損ねれば一生後悔するだろう。僕の緊張感が伝わったのか、船長が操舵室から飛び出してきてくれた。その手にはギャフが握られている。獲物の顔が水面を割った瞬間、職人技と言える精度で鰓にギャフが打ち込まれた。船上がワッと沸いた。

　船上に横たわったオキナワオオタチは全長一六〇センチ以上、体高は二〇センチ近くもある。刃のように照り輝くその姿はまさに「大太刀」！　余談だが、僕の母親の身長は一四五センチ、母ちゃん、タチウオに負けとるばい。

普通のタチウオとどう違う？

冷や汗と興奮の捕り物劇を終えたら、次は調理と試食だ。宿としているペンションへ戻るなり、皆笑顔で料理の支度を始める。

料理の前に、釣れたオキナワオオタチを細部までじっくり観察してみよう。確かに、基本的にはタチウオをそっくりそのまま大きくしたような外見であるが、よく見るとハッキリ異なる部分も見出せる。まず、背鰭の前端が黒く染まっている。本土で獲れるタチウオの背鰭は端から端まで無地なので、とりあえずここを見れば両種を混同することはないだろう。

そして何より、ずいぶんと眼が大きい印象を受ける。魚体に対する眼径の比率が異様に大きいと言うべきか。つまるところ、やたらギョロ目なのだ。眼とはカメラで言えばレンズ。それが大きいということは、より小さな光量下でも獲物や外敵を正確に発見できるということ。これはタチウオよりも深く暗い環境に適応した形態なのだろう。

……正直に言うと、いざ間近で観察するまでは「見た目がそっくりなんだから味もタチウオとほぼ同じなんだろうなぁ。それはそれで美味しいからいいけど、ちょっとつまらない気もするなぁ」と考えていた。だが、目を凝らせばこれだけの差異が見つかるのだ。これはもしかすると、食べる前からタチウオと同じ味だと決めつけるのは早合点かもしれないぞ。

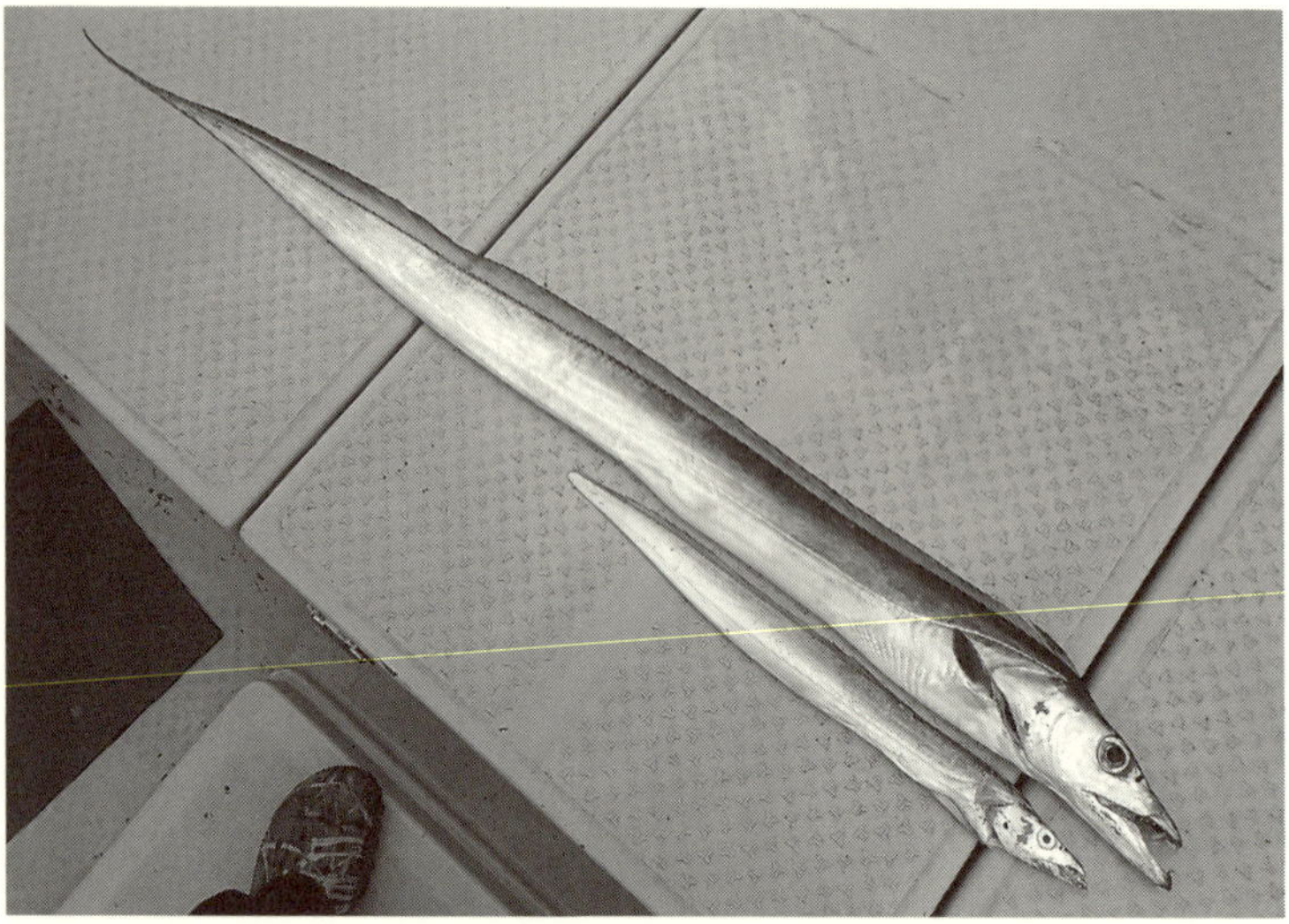
スーパーで買ってきた並サイズのタチウオと並べると、その体格差は一目瞭然。

とにかく、実際に味見して確かめてみようじゃないか。解体中にスタッフの目を盗み、身を一切れくすねて刺身で食べてみる。タチウオらしい脂の甘味があっておいしいが、本土のタチウオに比べると脂の乗りはいくらか悪い。さっぱりしてるなあ。より深場に生息しているのだから、むしろ浮力獲得のためにタチウオよりたっぷり脂が乗っているのではと予想していたのだが。見事に裏切られた形である。

脂の乗りがよくないのは南方系の魚に共通する特徴で、沖縄の海で捕れる魚は大体こんな感じであっさりさっぱりしている。いや、むしろオキナワオオタチは沖縄近海産の魚にしては脂が多いほうだろう。とりあえず、どう弄り倒してもマズくはならないタイプの魚であると確信できた。その点については一安心である。

ちなみに、聞くところによるとオキナワオオタチには線虫が寄生していることが多いらしい。僕らはすぐに食べたので気づくことすらなかったが、釣り上げたタチウオを生の状態でしばらく放置すると内臓から筋肉へアニサキスによく似た虫が這い出てくるそうだ。この寄生虫が人体に有害なものか否かは定かでないが、やはり虫を実際に見た人は刺身で食べることに抵抗を覚えてしまうようだ。

巨大魚料理には巨大シジミ汁を

ところで、番組ではせっかくの大物なのだから、何か豪快な料理を作ってみようということになった。たくさん釣り上げはしたが、持ち帰りのオキナワオオタチは、最後の大物以外には一三〇センチ級を二匹のみにとどめた。これらを使って作る豪快な料理か……。

「開きにすると迫力が二倍になるよ」という船長のアドバイスを受け、大物は頭から尾までバッサリ開いて一夜干しに。丸ごと焼き上げてしまおう。何か珍しい魚が出てはこないかと、解体中に胃を切り開いてみたが、半ば消化されて正体のわからなくなった魚類の半身が出てきたのみであった。

船の上で船長が言うには「オキナワオオタチは餌としていろいろな魚を食べるが、ハリセンボンの幼魚を食べていることも多い」と話してくれた。ハリセンボン！　あんな食べづらそうな魚まで食べるとは……。餌不足で食べざるを得ないのか。あるいは、ハリセンボンは動きが緩慢で数もそこそこ多いので、確保が容易な良い餌なのかもしれない。……あの棘にさえ目を瞑れば。いずれにせよ、深海魚の食物事情はやはりなかなか厳しいようだ。

開いたオキナワオオタチはペンションの庭に洗濯ロープを張り、数時間干してやる。その間にサイ

オキナワオオタチの開き。面積2倍で迫力も倍増だ。

ドメニューを作っていこう。

まずは小塚さん考案のメニューから。小さな個体から肉を削ぎ取り、すり身を作る。卵や豆腐、野菜と混ぜ合わせてハンドボール大の団子にして蒸し、キツネ色になるまで揚げてやる。最後に星型に切った人参をあしらえば巨大なすり身団子、名付けて「ドラゴンボール」の完成である。小塚さん曰く、このネーミングは大型のタチウオが釣り人の間で「ドラゴン」とあだ名されていることに由来しているのだとか。まあ、見た目のモチーフはもちろんあの漫画に登場するあのボールである。

こちらも負けてはいられない。何か追加メニューを考えないと。しかし、丸焼きとドラゴンボールだけでも相当なボリュームがある。これ以上オキナワオオタチ料理が増えてもうんざりしそうだ。そこで、巨大魚料理に合わせるなら巨大シジミ汁がいいだろうということで、沖縄本島北部のマングローブ林か

わざわざこのために購入した洗濯ロープで開きを干す。異様な光景である。

ら日本最大のシジミである「シレナシジミ」を捕ってきた。シレナシジミはマングローブが蓄えている有機物を食べているシジミで、干潮時に林床を見渡すと簡単に見つけることができる。ただ、二枚貝にもオキナワオオタチと同じく再生産に時間のかかる種が少なくない。ひょっとするとシレナシジミもその限りかもしれないので、見かけても調子に乗ってあまりたくさん持ち帰らないよう心掛けたい。今回は二個体を確保。一個当たりに含まれる旨味が非常に濃いため、これだけあれば充分な出汁が取れるのだ。

なお、持ち帰ったシレナシジミはおよそ半分の濃さに薄めた海水に浸して泥を吐かせてから調理に移る。これはアサリやハマグリの砂抜き以上に重要な工程である。体内にマングローブの泥が残っていると、食感が悪いばかりか泥臭さが出てしまい、貝本来の旨味を楽しめないからだ。

七輪七つでオオタチ丸焼き

さて、そろそろ話をメインディッシュに戻そう。今回、この焼き大太刀を作るにあたって、沖縄本島北部のホームセンターで七輪を買い占めた。その数七つ。七輪だけに七つだ。それだけの数を並べないと、オキナワオオタチの長身が乗り切らないのだ。当然、ガステーブルでは手も足も出ない。一見ふざけているようで、その実、もっとも合理的な方法と言える。巨大魚で非常識な料理を作ろうとすると、調理の工程すらも非日常に侵食されてしまうようだ。

さあ、七輪の炭に火を点けたら、いよいよ焼き網にオキナワオオタチを乗せて焼き上げていく。火が通るにつれ、脂が炭へと滴り落ちて赤火と煙が勢いを増す。やめろ。それ以上、美味しい脂を落とすな。ただでも脂控えめなのにもったいない。また、水分もかなりの勢いで抜けているようで、ジリジリと全身が縮んでいくのが見て取れる。ああ、いつの間にやら七輪も六つで足りるほどコンパクトになっているじゃないか。まあ、それでもまだ一五〇センチほどあるのだが……。

さあ、身側はいい感じに焼けたようなので、そろそろひっくり返して皮目も焼いていこう。と、思ったところで問題発生！　大きすぎ、重すぎ、それに加えて身が軟らかすぎるせいで、持ち上げられず、裏返せないのだ。……だが心配無用。こうなることは想定内。持参したガスバーナーで皮目を直接炙り、仕上げの焦げ目を付けてやる。ちょっとずるい気もするが、そんな細かいところを気にするような料理でもないだろう。そんなこんなで、ついに巨大タチウオ&巨大シジミ定食が完成した。

使う七輪は７台!「七」輪だけにね。

沖縄の巨大シジミ、「シレナシジミ」。普通のシジミ（左上）と比べるとその圧倒的な大きさがわかるだろう。

ドラゴン定食のお味は?

まず、脇役であるシレナシジミのシジミ汁からレビューを済ませておこう。オキナワオオタチメニューに負けず劣らず冗談のような盛り付けだが、これが意外にも普通のシジミ汁とそう変わらない味と香りを楽しめる一品なのである。盛り付け時の迫力、それからシジミの身の食べ応えは圧巻である。巨大な貝殻から肉を外して口へ運ぶと、ハマグリかホンビノスでも食べていたかと錯覚してしまうほどだ。でも、風味はまぎれもなくシジミなのだから面白い。この貝を使えば、ハマグリならぬシジミの酒蒸しとか、ホタテならぬシジミのバター醤油焼きなども楽しめるだろう。夢が膨らむ。

では、ここらでそろそろ、メインであるオキナワオオタチの開きに手を付けよう。無理やり焦げ目をつけた皮に箸を押し当て、身をむしり取る。普通、食べるうえでタチウオの薄皮を邪魔に感じることなどないのだが、こ

巨大タチウオと巨大シジミを用いた「ドラゴン定食」。豪快の極み。

のたび初めてその存在を厄介者として認識することとなった。やや厚みがあるため、身をむしる際に箸が多少引っ掛かるのだ。タチウオといえど、ここまで大きくなると随所がそれなりにたくましくなるのだなと感心してしまった。

　むしり取った真っ白な身を口へ運ぶと、豪快な見た目とは裏腹にふっくらと優しい舌触り。それに続いて感じる味はやはり「脂控えめなタチウオ」の一言である。脂とそれに由来する甘味が比較的薄めなので、脂ノリノリな本土産タチウオの味を求める人は少々物足りなさを覚えてしまうだろう。

　今回、シレナシジミとオキナワオオタチが我々に教えてくれたのは、生物は見た目がそのまま大きくなった程度であれば、種間で味の本質的な部分はそう大きくは変わらないということだった。そんなのちょっと考えれば簡単に想像がつきそうなものだが、こうした事実こそ実際に経験して確かめること

完成した「ドラゴンボール」こと巨大つみれ団子と巨大シジミ汁。

に意義があるのだ。

結論として、オキナワオオタチは充分に美味しく、食材として上々の評価を与えてもいいと言えるだろう。何より、普通のタチウオには絶対期待できないボリューム感という大きな魅力を備えている。一匹釣れば、このふんわりしっとりとした上品な身を延々と食べられるのだ。今回は丸ごと一匹焼き上げてしまったが、このサイズの個体が一匹揚がれば、刺身に始まり寿司、塩焼き、煮つけ、揚げ物と様々なメニューを心ゆくまで堪能できるだろう。むしろ、本来は飽きが来ないよう、そのように消費すべき魚だと思う。地元民が言うには煮つけやから揚げが特に旨いらしい。いつかまたこの魚を獲る機会があれば、それらの料理にもぜひ挑戦してみたい。

一方ドラゴンボールはというと、見た目とは裏腹に素直な味わいのとても美味しいすり身揚げになっていた。すり身にして、味付けして、さらに油で揚げてしまっているので、もはやオキナワオオタチらしさは感じにくくなっているが、これはこれでとてもバランスの取れた美味しさで飽きが来ない。いつか特大オキナワオオタチを料理する機会があったら、一通りの料理を楽しんだ後、残った肉でこれを参考に擦って揚げてみようと思う。その時はさすがにもう少し小さめに作るだろうが……。

いつかは二メートル級の大物を

こうしてオキナワオオタチを巡るドラマが完結した。その後伝え聞いたところによると、放送への反響も上々であったようだ。どうなることかと思う場面は多々あったが、終わりよければすべてよしとしよう。

ところで、今回捕れたオキナワオオタチ、個人的には充分に満足できる大物なのだが、船長に言わせると「これでギリギリ合格ライン」。大物と呼ぶには最低一七〇センチを超えてから、特大扱いは一八〇センチ以上、船長の目標は二メートル以上の個体なのだとか。実際、この海域では漁師の手によって二メートルを超える個体が漁獲された実績があるのだそうだ。うぅむ、今回釣れたこの魚よりさらに二回りほども大きいとなると、とんでもない迫力だろう。自分で釣れないまでも、いつかその姿を生で見てみたいものだ。

小塚さんが釣ったフトツノザメの幼魚。場の空気を読んで口には出さなかったが、正直言うとかなり羨ましかった。

COLUMN

深海魚の資源量

本章で述べたとおり、オキナワオオタチを対象とした商業漁業は資源枯渇のためにわずか五年余りで終焉を迎えた。深海魚はどれほどの数が生息しているのか見極めが難しいため、新しい漁獲対象を見出してもこういった事態に陥りやすいのだろう。

また、生態に関する知見の不足も大きく関わっている。たとえば成熟までに何年要するかという情報がなければ、どれくらいのペースで漁獲すれば資源量を安定的に維持できるか推測することができない。一度捕り尽くして、漁が立ち行かなくなって初めて思い知るのだ。

深海魚には成長・成熟が遅い、すなわち再生産および資源量の回復ペースが緩やかなものが多く、沿岸性魚類を基準とした乱獲は致命的な影響を与えかねない。この傾向は特に冷たい海域に棲む深海魚に顕著で、食用魚である北海産のメヌケ類などには成熟年齢一〇歳以上、寿命一〇〇年以上というものもある。「メロ」の通称で親しまれている南極海のマゼランアイナメも、乱獲による減少が著しいと言われている。

人類が深海漁業を始めてからまだ日は浅い。長い間手付かずだった漁場が豊かなのは当然のことである。調子に乗って捕りまくっていると、あっという間に滅んでしまう可能性もある。現状を把握しにくい深海だからこそ、資源の利用は慎重に行うべきなのではないだろうか。

オキナワオオタチ

あとがき

世の中は空前の深海ブームである。きっかけは、言わずもがなＮＨＫが捉えたダイオウイカの生体映像だろう。あれ以来、テレビでは深海をテーマとした企画が頻繁に放送されるようになった。あるときは深海鮫、あるときはしんかい六五〇〇。スクープ映像を撮り競うかのように様々な特集が組まれる。ああいった映像の裏には、きっととんでもない技術と金が注ぎ込まれているに違いない。とても真似できない。深海の生物なんて、僕たちにはテレビの画面か図鑑の上でしか、眺めることができない。……そう思ってはいないだろうか。少なくとも、かつての僕はそう考えていた。

僕は物心のついた頃から大小を問わず、珍奇な生物を好いていた。家にいる日は海外の動植物が並んだ図鑑をひたすら読んでいた。たまに家族旅行で遠出をすれば、親の目を盗んではまだ見ぬ虫や魚を探してばかりであった。それほど、変な生物には目がなかったのだ。

それにしては、妙ちきりんの極み、あるいはヘンテコの煮こごりとも言うべき深海生物には不思議とあまり強い関心を抱くことがなかった。そう言えば、似た例だと、あんなにかっこ良くて恐ろしげな恐竜にも、なぜかさほど強くは惹きつけれなかったように記憶している。

それは彼らが「どうせ会いには行けない」存在だからなのだと、あるとき不意に理解した。実際にその姿をこの目で見ることができないなら、おとぎ話に出てくる幻獣や特撮映画の怪物と大差がない。この僕自身がこの手で触れられないなら、もはや実在か架空かは大した問題ではないのだ。

だが、心の奥底に確かな憧れがあったのだろう。時は流れて大学院生当時。入学当初は熱帯の淡水魚を研究テーマに据えていた。しかしトラブルが重なってしまい、研究対象の急な変更を余儀なくされた。他の淡水魚にするか、あるいはエビやカニにするか、はたまた甲虫にするか。好みの生物が次々と候補に挙がったが、最終的に新たなテーマとして白羽の矢を立てたのはなんと深海魚たちであった。当時は自身の意外な決断に自分で「まさか！」と驚いたものだが、本当に深海生物への興味がなければ、こんな選択はしなかったはずだ。

そして、その研究の過程で「深海魚を釣る」という、日本ならではの遊漁文化に触れることとなる。アルバイト代で買った数百メートルの釣り糸は東京海底谷でヘラツノザメやホラアナゴに、駿河湾ではバラムツやアブラソコムツに引き合わせてくれた。深海魚が決して手の届かない存在ではないことを知り、堰を切ったように深海魚への興味が溢れ出た。自分が深海魚を「すっぱいブドウ」だと思い込み、無意識に興味の対象外に追いやってしまっていたことを悟った。

また同時に、僕が長年騙されていたように、深海と一般人との距離が実際以上に離れている現状は良くないと考えるようになった。深海生物が意外と身近な存在であると広く認知されれば、人々の関心もより高まるだろう。深海に興味を抱く若者たちがドカンと増えるに違いない。その中から、未来の研究者がどんどん出てくるはずだ。彼らは近い将来、深海の暗闇を照らしてくれることだろう。この本をきっかけに、そんな若者が一人でも現れてくれたらとても嬉しいな、と思っている。もちろん、大人にだって深海魚が身近な存在であることを理解してもらいたい。深海魚釣りが老後の楽しみになるかもしれない。
一方で、実際に深海魚に親しんでみると、彼らを巡る課題がありありと見えてきた。特に水産資源としての深海魚利用については、深海魚への愛着が深まるほどに考えさせられてしまう。

現在、キンメダイなどごく一部の種を除くと、食用として利用される深海魚の扱いは散々なものである。実際はごく普通に食卓に上っているのに、浅海性で馴染みの深い魚の「フリ」をさせられるなど、執拗に本来の魚名を隠すような売り方をされているのだ。ビジネスとしては、まあ短期的に見れば合理的な戦略ともみなせるが、魚に対する敬意が感じられない。こんな売り方では無限の可能性を秘める深海魚のブランド価値を低めるばかりである。深海魚で上等！ 何も後ろめたいことはないだろう。堂々と、安価で美味しい魚として売り出されるようになってほしいものだ。深海魚を愛する者として、そう願わずにはいられない。深海生物たちが身近になれば、こういう誤解や差別も次第になくなろう。

そう、釣り糸を垂らせば、たかが数百メートルの距離である。深海は決して遠くないぞ。深海魚、みんなも捕れるぞ。食べられるぞ。浜辺で拾うことだってできるんだぞ。めちゃくちゃ楽しいぞ。幸いにして、僕はそのことに気づけたのだ。だからこそ、僕は率先して、その事実を周知せねばなるまい。

そうした野望を実践する場として、ニフティ株式会社が運営するデイリーポータルZというウェブサイトはうってつけの存在だった。学生の時分から連載の場を与えられていたこのサイトで、僕は昆虫や川魚の記事に混じって、深海魚を捕っては食べるというネタを寄稿するようになる。そもそも、変わった生物を捕獲・試食すること自体は、僕の趣味というか生き甲斐でもある。それを、そのまま記録に残してレポートするだけなのだから、楽な仕事（だと周囲からは思われているようで）である。

思惑は当たった。あくまで一般人である僕が深海魚を捕まえるという内容は、生物好きな人々を中心に広く支持を集めたようだ。やはり、深海魚を個人が生け捕る様は新鮮に映ったようである。しかも、その後は食べるわけだ。食とは国籍や性別を問わず、すべての人が関心を寄せる事柄である。これにより、生物に全く関心がない読者をも獲得することができた。我ながら周到な二段構えであった。結果論だが。

こうして、一定の評価を得つつサイト上で深海魚企画を重ねるうち、『外来魚のレシピ』出版の際にお世話になった地人書館の塩坂比奈子氏に書籍化の話を持ちかけていただいた。提案された書名は、当初から『深海魚のレシピ』。予想通りである。さらに、デイリーポータルZのウェブマスター林雄司氏、担当編集者である古賀及子氏、石川大樹氏の協力の下でグロテスクな企画群は紙面へとまとめられ、本書が出版されるに至った。これもひとえに彼ら編集者各位をはじめ、取材に同行してくれた友人たち、各遊漁船の船長、鮮魚店員さんなど、多くの方々のおかげである。ここに改めて感謝の意を表する。

今後も僕は、地道にコツコツ深海生物を捕り続ける。国内ばかりでなく、これからは外国の深海にも挑戦してみたい。地球最後の秘境である前人未到の深海底。そこには何が潜んでいるのだろう。夢は無限に深く広がっていく。

だが、ニヤニヤ妄想する前に、まずは船代を何とかしなければ……。夢の前に立ちはだかるのは、いつだって現実だ。

二〇一五年九月

平坂　寛

索引

あ

アカマンボウ iv、viii、ix、66
アニサキス 153
アブラソコムツ iii、55
アブラボウズ 61
アンコウ 119
生き腐れ 15
活け締め 19
イラコアナゴ 31
インガンダルマ 56
ウオノエ 27
鰾 12、46
鉛直移動 118
オイルフィッシュ 44
オキナワオオタチ i、140、150、162
オシツケ 62

か

カラフトシシャモ 83
輝板 8
ギマ 126
ギャフ 41、46
キャペリン 83
キングオブザサーモン 110
硬骨魚類 17
骨格標本 17

さ

サガミザメ ii、15
サケガシラ v、vi、104、107
サットウ 55
ショウサイフグ 136
食品衛生法 61
シレナシジミ 155、157
深海魚 118
深海鮫 3
スッテ 90、91
駿河トラフ 39
スルメイカ 97
線虫 152
ソデイカ i、iii、22、88、93

た

タイノエ 27
ダイオウイカ 96
ダイオウグソクムシ 27
ダイナンアナゴ 119
ダイヤモンドスクィッド 98
代用魚 66
タチウオ 140、152
タペータム 8、20
テンヤ 145、146
東京海底谷 2、24
ドチザメ 3

な

軟骨魚類 10、17、19

は

バラムツ ii、vi、vii、38、43、47
ヘラツノザメ iii、vii、11、15
ホタルイカ 105
ホラアナゴ iii、vi、24、35
ホラアナゴノエ 28、29

ま

マグロ 80
マダラ 86、118
マンボウ 132
ミズウオ v、vii、122、124、138
メロ 161

や

遊漁船 5、145
湧昇流 134
ユメナマコ 126

ら

リュウキュウホラアナゴ 28
リュウグウノツカイ 109

わ

ワックスエステル 61

著者紹介

平坂　寛（ひらさか・ひろし）

1985 年、長崎県長崎市生まれ。

2009 年、琉球大学理学部海洋自然科学科卒業。

2013 年、筑波大学大学院生命環境科学研究科環境科学専攻博士前期課程修了。

幼少時代から生物全般に強い興味を持ち、それらの捕獲と五感を用いた観察を最大の楽しみとしていた。

大学院在学中の 2011 年よりニフティ株式会社が運営するウェブサイト「デイリーポータル Z」などで執筆活動を開始。「生き物は面白い」ということを多くの人に伝え、生物について深く学ぶきっかけとなるような文章を書くことを理念としている。

著書：『外来魚のレシピ──捕って、さばいて、食ってみた』地人書館（2014）

深海魚のレシピ
釣って、拾って、食ってみた

2015年11月15日　初版第1刷
2017年 6 月30日　初版第2刷

著　者　平坂　寛
発行者　上條　宰
発行所　株式会社 地人書館
〒162-0835　東京都新宿区中町15
電話 03-3235-4422
FAX 03-3235-8984
郵便振替 00160-6-1532
URL　http://www.chijinshokan.co.jp/
e-mail　chijinshokan@nifty.com
編集制作　石田　智
印刷所　モリモト印刷
製本所　イマキ製本

ISBN978-4-8052-0891-5 C0045

●好評既刊

外来魚のレシピ
捕って、さばいて、食ってみた

平坂寛 著

四六判／212頁／本体2000円（税別）

やれ駆除だ，グロテスクだのと，嫌われものの外来魚だが，たいていの外来魚は，食用目的で入ってきたもの．ならばきっとおいしいに違いない．食べて確かめてみたい．しかし市場に出回っていないため，捕るところから始めなくては．ある時は自分の指を餌がわり，ある時は冬の明け方の沼に入水して生け捕りに．そうして捕獲した魚を，おろして，様々な料理に挑戦して試食するまでの顛末記．カムルチーのムニエル，アリゲーターガーやプレコの丸焼き，アフリカマイマイのエスカルゴ風のお味はいかに？　人気webサイト「デイリーポータルZ」の好評連載を単行本化したもので，珍生物ハンター兼生物ライター平坂寛の第一作．

代替医療の光と闇
魔法を信じるかい？

ポール・オフィット 著／ナカイサヤカ 訳

四六判／三六八頁／本体二八〇〇円（税別）

代替医療は存在しない，効く治療と効かない治療があるだけだ――代替医療大国アメリカにおいて，いかに代替医療が社会に受け入れられるようになり，それによって人々の健康が脅かされてきたか？　小児科医でありロタウィルスワクチンの開発者でもある著者が，政治・メディア，産業が一体となった社会問題として描き出す．

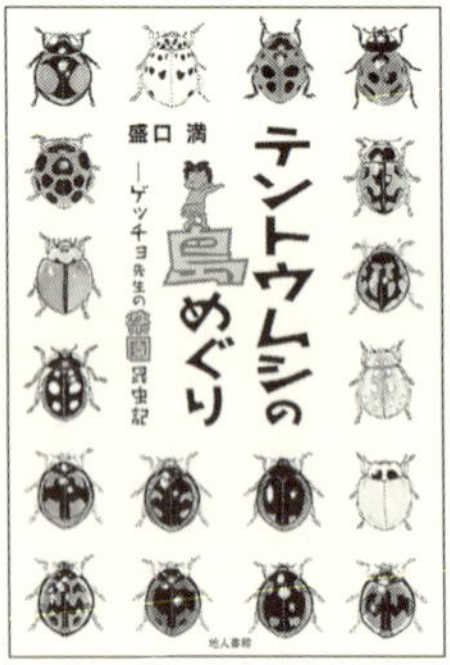

テントウムシの島めぐり
ゲッチョ先生の楽園昆虫記

盛口満 著

四六判／二三二頁／本体二〇〇〇円（税別）

テントウムシの星はいくつ？　色は何色？　大きさは？　幻の巨大テントウムシとは？　ハワイのテントウムシは青い？　知っているようで知らないテントウムシを追いかける旅の中で，この小さな虫が土地の固有性や，人と自然の歴史と環境変化を教えてくれた．成虫の色彩や斑紋の変異，幼虫や蛹のイラストも多数掲載した．

●ご注文は全国の書店、あるいは直接小社まで

㈱地人書館　〒162-0835 東京都新宿区中町15　TEL 03-3235-4422　FAX 03-3235-8984
E-mail=chijinshokan@nifty.com　URL=http://www.chijinshokan.co.jp